Austrian Design has tradition and the passion for natural materials, cares about details and contains a lot of symbolism and imagination.

Austrian Design has from
African Creativity
the interest for symbolism.

Austrian Design has from
the Asian Design
the care for the details.

Austrian Design has
the imagination in common with
Oriental Creativity

Austrian Design has
from the Scandinavian Design
the passion for simplicity.

Austrian Design has a glorious past.

...and faces a big challenge
in the future.

INDEX CONTENTS/INHALTSVERZEICHNIS

welcome
to austria.
design
and
music
now
downloading...

pure austrian design

the hybrid stag in the global magic forest

In this time of global market what is pure and what is hybrid? Design culture, object culture, living culture, the culture of wining and dining put forth shoots, ... turned into meaningless clichés by perpetual use – have already become inflationary. Concerning today's idea of culture, we can, based on modern sociology , assume a new dual understanding: on the one hand, according to a classical theory, culture is a territorial concept. A people at a geographically defined place. Knowledge and craftsmanship are learned and passed on locally. Between geopolitical territories there are significant differences in how certain commodities are devised, made and designed. Different techniques are created to satisfy the same need for quality of life.

The second and recent idea of culture concerns the simultaneity and deterritorialisation of information via media like TV or internet. We get to know cultures merely by a flick of the remote or a click of the mouse.

We exchange ideas with other countries as Erasmus students, travel several times a year near and far and by goods from Turkish, Chinese and Pakistani shops at home. If culture creates identity, this will be a multi-task challenge in the multi-cultural communication forest.

This interaction between local identity and global product culture creates a specific hybrid. It continually leads to a fascinating simultaneous presence amidst a hybrid urban scenario. Anticipated as fiction in the Blade Runner and cyberpunk visions of the 80ies, we have already discovered it today, 2005, in this new landscape of hybrid products. Local identity in the web of global economic structures. The sociologist Roland Robertson coined a curious terminology for this phenomenon: glocalization. A hybrid between global and local. Contrary to globalization the glocal concept stands for a new cultural and social dimension between global culture products and their respective local identity. The glocal phenomenon is not really a novelty in Austria; the history of this country, especially of Vienna, is profoundly shaped by multi-cultural influences. Biedermeier, art nouveau and modernity are precious roots of an identity, which does not, though, suffice to serve the product concepts of a global market. The first processes of post-modern hybridisation in the area of furniture design started in Austria already in the 80ies. Exhibitions like 'Forum Design', 'Rastlos' or 'Wohnfreiheit' interpreted local motives or historical formalisms in their furniture as quotes, irony or criticism. The concept of furniture became a medium for very different functional and creative ideas. The banality of everyday life was discovered. Global attention became local action. Think global, act local!

Browsing through this book, you will find some seriousness or irony, quotation or new naivety, strict forms or ready-mades, but you won't find much about the traditional Austrian identity. The products which are shown and presented in PAD are from Austria and today and their identity is a global product identity. In today's great variety of stylistic resources, which do not have any certain trends, they show a high creative and technological standard. Part of them can be defined within a strict minimalist neo-modern form language; another part in a more artistic-ironical way, but not through a different specific design language than usually applied on the international market. They convince through their intelligent, persuasive design and excellent solutions, especially relating to the material. An Austrian tradition may appear in the combination of creative intuition and pragmatic intelligence. With PAD we finally arrive at a glade of heterogeneous future-oriented contributions, which redefine and convincingly demonstrate the "glocal" living qualities in the global magic forest of the 21st century hybrid design cultures.

1
Roland Robertson
Glocalization
Jan Nederveen Pieterse
Globalization and Hybridization
Sage Publications, London 1995

2
Uli Marchsteiner
Equally_Different-Everyday objects from around the world
Lunwerg Editores, Barcelona-Madrid 2004

Uli Marchsteiner (M.A.)

Studied at the Design Academy in Linz/ Austria and graduated with a Master of Arts. Since 1985 he has been working as an industrial and interior designer in Barcelona. Since 1995 he has curated several exhibitions about product and everyday culture. He has been teaching at famous Design Academies for many years.
He has been living and working between Vienna and Barcelona.
In 2004 he was the curator of the exhibition and the book "Equally Different: Everyday objects from around the world".

pure austrian design

der hybride hirsch im globalen wunderwald

Was ist in Zeiten des globalen Marktes pur und was hybrid? Aus dem Boden spriesst Designkultur, Objektkultur, Wohnkultur, Esskultur, ... durch den andauerndn Gebrauch in leere Worthülsen verwandelt – bereits inflationär geworden.
Bei der Frage nach dem heutigen Begriff Kultur können wir, wenn wir uns auf moderne Soziologen stützen, von einem neuartig dualen Verständnis ausgehen: Einerseits ist Kultur nach klassischer Theorie ein territoriales Konzept. Ein Volk an einem geografisch determinierten Ort. Wissen und Handfertigkeit wird lokal erlernt und weitergegeben. Zwischen geopolitischen Territorien existieren markante Unterschiede, wie bestimmte Gebrauchsobjekte erdacht, gebaut und gestaltet sind. Unterschiedliche Techniken entstehen, um das gleiche Bedürfnis nach Lebensqualität zu stillen.
Der zweite und eben neue Kulturbegriff ist die Gleichzeitigkeit und Desterritorialisierung von Information durch Medien wie Fernsehen oder Internet. Wir lernen unterschiedlichste Kulturen mit nur einem Druck auf die Fernbedienung oder die Maus kennnen. Wir tauschen uns als Erasmusstudenten mit anderen Ländern aus, bereisen des öfteren im Jahr nahe und ferne "Traumziele" und kaufen zu Hause beim Türken, Chinesen oder Pakistani ein. Wenn Kultur Identität schafft, so bedeutet dies heute eine Multi-Task Aufgabe im multi-kulturellen Kommunikationswald.
Diese Wechselwirkung zwischen lokaler Identität und globaler Produktkultur erzeugt eine spezifische Mischform. Sie führt kontinuierlich zu einer faszinierenden Simultanpräsenz inmitten eines hybrid-urbanen Grossstadtszenarios. Als Fiktion in den Blade-Runner und Cyberpunkvisionen der achziger Jahre vorweggenommen, finden wir sie heute 2005 schon real in dieser neuen Landschaft hybrider Produkte. Lokale Identität im Netz globaler Wirtschaftsstrukturen. Der Soziologe Roland Robertson erfand hierfür in den Neunziger Jahren eine kuriose Terminologie: Glokalisierung. Ein Hybrid zwischen Global und Lokal. Im Unterschied zum rein wirschaftspolitischen Konzept der Globalisierung steht das Glokale für eine neue soziale und kulturelle Dimension zwischen globalen Kulturprodukten und deren jeweiligen lokalen Identitäten.
Das glokale Phänomen ist in Österreich eigentlich keine Neuheit, die Geschichte dieses Landes insbesondere Wien ist markant geprägt von multi-kulturellen Einflüssen. Biedermeier, Jugendstil und Moderne sind wertvolle Wurzeln einer Identität, die heute allerdings für Produktkonzepte des globalen Marktes nicht mehr ausreichen. Erste Prozesse der postmodernen Hybridisierung im Möbeldesign entstanden in Österreich bereits in den achziger Jahren. Ausstellungen wie ‚Forum Design', ‚Rastlos' oder ‚Wohnfreiheit' interpretierten lokale Motive oder historische Formalismen in ihren Möbelentwürfen als Zitat, Ironie oder Kritik. Der Begriff Möbel wurde zum Medium unterschiedlichster, sowohl funktionaler wie künstlerischer Konzepte. Der banale Alltag des Jetzts wurde entdeckt. Globale Aufmerksamkeit führte zu lokalem Handeln. Think global, act local!
Ernst oder Ironie, Zitat oder neue Naivität, strenge Form oder Ready-mades, beim Durchblättern dieser Publikation findet man wenig an traditionell österreichischer Identität im herkömmlichen Sinn. Die Produkte, die in PAD gezeigt werden sind von hier und heute. Gegenstände die sich deutlich im Bereich einer globalen Produktidentität befinden. In der Vielfalt von stilistischen Ressourcen ohne einem favorisierten Trend zeigen diese Produkte ein hohes kreatives wie auch technologisches Niveau. Teils in strenger minimalistischer neo-moderner Formensprache teils in künstlerisch-ironischen Konzepten definieren sich diese Produkte nicht durch eine spezifisch andere Designsprache als am internationalen Markt, doch sie überzeugen durch konzeptuelle Stringenz und einfallsreiche oder materialbezogene Lösungen. Eine vielleicht doch österreichische Tradition wird hier in der Verbindung zwischen kreativer Intuition und pragmatischer Intelligenz deutlich. Wir gelangen mit PAD endlich an eine eine Lichtung heterogen-zukunftsorientierter Beiträge, die im Wunderwald der hybriden Designkulturen des 21.Jahrhunderts besondere, "glokale" Lebensqualitäten neu definieren und überzeugend vorzeigen.

1
Roland Robertson
Glocalization
Jan Nederveen Pieterse
Globalization as Hybridization
Sage Publications, London 1995

2
Uli Marchsteiner
Equally_Different-Everyday objects from around the world
Lunwerg Editores, Barcelona-Madrid 2004

Mag.art. Uli Marchsteiner

Studium an der Hochschule für Gestaltung in Linz, Österreich, seit 1985 als Industrie- und Interiordesigner in Barcelona tätig, seit 1995 Kurator vielzähliger Ausstellungen zum Thema Produkt-und Alltagskultur, unterrichtet seit Jahren an namhaften Designhochschulen und arbeitet zwischen Wien und Barcelona.
2004 Kurator der Ausstellung und Buchpublikation: Equally_Different: Everyday objects from around the world

beyond the stereotypes

austrian design between a return to tradition and open mindedness

Mozart, Falco, Wiener Schnitzel and coffeehouses, the Spanish Horseriding School, skiing resorts and quiet holiday destinations are still what the majority of Germans associate with Austria. This image is as nice as stereotype, but definitely not complete. Austria has long since woken from its long Rip Van Winkle sleep. The increasing foreign trade in Austria's economy is of growing importance. Product Design will even become a more decisive factor in export as so far.
Our long-lasting experiences as design promoters with red dot as international forum for the design industry has shown us that design is the only useful instrument for companies in order to establish a successful image and an identity on the global market. Nowadays only design makes it possible to survive the international rat race. Products can be produced anywhere in the world and many product parts have been produced increasingly by different companies around the world. Only the design is still each company's own creation, in which producers can set certain standards.
As Austria is located in the heart of Europe, many companies and designers may benefit from the enviable location: There is the chance to find a new creative quality by keeping an open mind towards the influences from Southern, Eastern and Western Europe, yet retaining a good portion of national consciousness, by returning to a rich design tradition, which goes back to the Wiener Werkstätten and the purism of Adolf Loos, and by combining these different elements..

Prof. Dr. Peter Zec
Design Zentrum Nordrhein Westfalen

initiator of the red dot design award, head of the Design Zentrum Nordrhein-Westfalen and president elect of the International Council of Societies of Industrial Design (ICSID)

jenseits der klischees

österreichisches design zwischen rückbesinnung und offenheit

Mozart und Falco, Wiener Schnitzel und Kaffeehaustradition, spanische Hofreitschule und gemütlich-verschlafene Urlaubsorte – diese Assoziationen kommen wohl nach wie vor den meisten Deutschen in den Sinn, wenn sie an Österreich denken. Dieses Bild ist gleichermaßen sympathisch wie klischeehaft und unvollständig. Österreich ist längst aus seinem Dornröschenschlaf erwacht, der stark wachsende Außenhandel ist für die österreichische Volkswirtschaft von zunehmender Bedeutung. Dabei wird auch die Gestaltung der Produkte für den Export in Zukunft eine noch wichtigere Rolle als bislang spielen.

Unsere eigenen langjährigen Erfahrungen als Designförderer mit red dot als internationaler Bühne für die Designwelt haben uns gezeigt, dass in einem globalen Markt Design das einzige wirksame Mittel zur Identitäts- und Imageförderung ist, das Unternehmen heute noch bleibt. Nur durch Design ist es heute im globalen Wettbewerb noch möglich, einen immer härter werdenden Konkurrenzkampf zu bestehen. Produkte können heute an jedem beliebigen Ort produziert werden und sie setzen sich zunehmend aus Teilen zusammen, die ebenfalls in standardisierter Form von Unternehmen aus aller Welt stammen können. Doch über ihr Design wird nach wie vor in dem jeweiligen Unternehmen selbst entschieden. Nur auf dieser Ebene ist es jedem einzelnen Hersteller noch möglich, einzelne Standards zu setzen.

Hierbei mag insbesondere österreichischen Unternehmen und Designern die beneidenswerte Lage Österreichs in der Mitte Europas zu Gute kommen: Durch Offenheit gegenüber den Einflüssen aus Süd-, Ost- und Westeuropa, und dennoch mit einer guten Portion Nationalbewusstsein ausgestattet, durch Rückbesinnung auf die eigene lange Gestaltungstradition, die zurückgeht auf die Wiener Werkstätten einerseits und den Purismus Adolf Loos' andererseits, und durch die Vernetzung dieser unterschiedlichen Strömungen ist die Chance gegeben, zu einer völlig neuen, eigenen gestalterischen Qualität zu finden.

Prof. Dr. Peter Zec
Design Zentrum Nordrhein Westfalen

Initiator des red dot design awards, Leiter des Design Zentrums Nordrhein Westfalen und President Elect des International Council of Societies of Industrial Design (ICSID)

austrian design current

austrian design identity at a juncture

What distance do I have to judge my own designscape, I who has been entangled, enmeshed, entwined and engrossed in it for years, even decades? Well, it is fun to accept a challenge and this one contains a chance to find a clue which might lead to the essence of my own design history, but above all to design topicality.

Milieu, context, political and social currents are generally mirrored in the education, activities and public image of a country and specifically of an individual – in this case related to design.

Educated in the 80ies, we were confronted and occupied with a self-centred perspective – examining our own history, past, local possibilities and impossibilities, focused on, well, nearly obsessed with Austria, especially with Vienna. Endless talks about the hapless, slow and immobile situation in our own country, exhausting ourselves in these discussions, so that any possible change passed away then and there at the coffeehouse table. So much involved with ourselves that the intensive years of design in the 80ies nearly passed unnoticed. Those years in which much more was happening than in the 90ies! We made this discovery in retrospective: many exciting and internationally published objects were created then, many exhibitions were realised, though, as is often the case, only as solitary events, short-lived phenomena of a half-hearted beginning.

Today, designers and design students occupy themselves only marginally or perhaps only to a sound extent with their own history. Today, a significant percentage of designers and design students are not from Austria; they study here and in other European countries, they do not solely work for Austrian companies, they do not necessarily position themselves as Austrians – but they enjoy living here. Their inspirations are as many and diverse as the internet, the true dissolution of national borders. And therein lies the main difference to the 80ies. Seeing oneself as European, as citizen of the world, comprehending, apprehending and above all using all possibilities. In this point the emerging generation is far ahead of the corporate and governmental structures. Nobody spends much time pondering about the question whether we are good enough, whether Austria is a design country. With passionate commitment and an unfailing belief in its feasibility success is achieved – success on a European market, not on the Austrian, which is too small.

But how does Austrian design define itself? In the land of perpetual identity crisis, with hardly any confidence in their own design abilities, the answer to this question seems like a picture puzzle – two sides, many sides, and every time you think you you've got it, it's gone. On the other hand, perhaps that is the appeal: something of everything, not too dogmatic, not too settled. At an exciting juncture in Middle Europe Austrian design identity defines itself versatile, between many conflicting influences, at an intersection. Thus, Vienna is perhaps the hub of this middle-European network. Condensation creates tension, makes inspiration and information transfer possible. And the young design generation, all trained in the use of computers and internet, know how to use this hub.

Tulga Beyerle (M.A.)

Studied industrial design at the University for Applied Arts/Vienna
Assistant for design theory and history at the University for Applied Arts/Vienna
Since 2001 Managing Partner of section.a art consulting, member of primetime group
Publications about design
Curator of several exhibitions, among them „Global Tools" in 2001 in the Künstlerhaus/Vienna and „Design & Identity" in the Museum Louisiana in Copenhague

österreichischer design fluss

österreichische designidentität an einem knotenpunkt

Mit welcher Distanz kann ich meine eigene Designlandschaft beurteilen, selbst seit Jahren, ja geradezu Jahrzehnten damit verbunden, verwoben, verwickelt und vernetzt? Aber eine Herausforderung anzunehmen macht Spaß und in dieser steckt die Chance eine Spur zu finden, welche zur Essenz der eigenen Designgeschichte, aber vor allem der Designaktualität führt.
Umfeld, Kontext, politische und gesellschaftliche Strömungen spiegeln sich in Ausbildung, Tätigkeit und Selbstdarstellung eines Landes im Ganzen und bei den individuellen Persönlichkeiten im Einzelnen wider – hier konkret bezogen auf Design. Ausgebildet in den 80er Jahren waren wir konfrontiert und beschäftigt mit einem selbst zentrierten Blick – Auseinandersetzung mit der eigenen Geschichte, Vergangenheit, den lokalen Möglichkeiten und Unzulänglichkeiten, fokussiert, ja nahezu besessen von Österreich, von Wien im Besonderen. Endlose Gespräche über die triste, langsame, unbewegliche Situation im eigenen Land, sich selbst in den Gesprächen so erschöpfend, dass eine mögliche aktive Veränderung am Kaffeehaustisch verendete. So selbst bezogen, dass die intensiven Designerjahre der 80er fast unbemerkt vorüber gingen, in denen viel mehr passierte als in den 90ern! Diese Entdeckung macht man dann im Rückblick: Viele spannende auch international publizierte Objekte entstanden damals, viele Ausstellungen wurden realisiert, allerdings wie so oft als Einzelstücke, als kurzlebige Phänomene eines halbherzigen Aufbruchs.
DesignerInnen und Designstudierende heute beschäftigen sich wenig oder vielleicht nur in einem gesunden Ausmaß mit ihrer eigenen Geschichte. DesignerInnen und Designstudierende heute sind zu einem wesentlichen Prozentsatz nicht aus Österreich, studieren hier und im europäischen Ausland, arbeiten nicht nur für österreichische Firmen, positionieren sich nicht unbedingt als Österreicher – aber sie leben gerne hier. Ihre Inspirationen sind so vielfältig wie das Internet, die wahre Auflösung nationaler Grenzen. Und darin liegt der wesentliche Unterschied zu den 80er Jahren. Ein Selbstverständnis als EuropäerIn, als BürgerIn der Welt, ein Begreifen, Aufgreifen und vor allem Ausnutzen aller Möglichkeiten. Hier ist die ‚emerging generation' den unternehmerischen und staatlichen Strukturen weit voraus. Man hält sich nicht lange mit der Frage auf, ob wir gut genug sind, ob Österreich ein Designland ist. Mit viel Einsatz und einem unermüdlichen Glauben an die Machbarkeit werden Erfolge errungen – Erfolge auf einem europäischen Markt, nicht dem viel zu kleinen österreichischen.
Aber wie definiert sich österreichisches Design? In dem Land der ewigen Identitätssuche, mit einem schwach ausgeprägten Designselbstbewusstsein, stellt sich die Antwort auf diese Frage wie ein Kippbild dar – zwei Seiten, viele Seiten und immer wenn man glaubt, man hat's, ist es wieder weg. Aber vielleicht liegt gerade darin der Reiz: Von allem etwas, nicht zu dogmatisch, nicht zu festgelegt. An einem interessanten Kreuzungspunkt in Mitteleuropa definiert sich die österreichische Designidentität als eine in Bewegung, in einem Spannungsfeld zwischen vielen Einflüssen. An einem Knotenpunkt definiert sich Wien vielleicht als Hub dieses mitteleuropäischen Netzwerkes. Verdichtung bringt Spannung, ermöglicht Inspiration und Informationstransfer. Und die junge Designgeneration, alle Computer- und Internet geschult, weiß diesen Hub zu nutzen.

Mag.art. Tulga Beyerle

Industrial Design-Studium an der Universität für angewandte Kunst/Wien
Assistentin für Design-Theorie und Geschichte an der Universität für angewandte Kunst/Wien
Seit 2001 Managing Partner der section.a art consulting, Mitglied der primetime group
Publikationen zum Thema Design
Kuratorin diverser Ausstellungen, darunter „Global Tools" 2001 im Künstlerhaus/Wien und „Design & Identity" im Museum Louisiana in Kopenhagen

development aid from middle europe

what can unique characteristics develop from that give advantage to life forms or products?

In nature it is often adverse conditions; a strong wind from one side makes the tree trunk develop special strengthening to resist its force. Such anomalies on the other hand turn the trunk into attractive timber, e.g. for roof framework, where it is employed according to load.

For years Austrian educational centres for design have been producing under partly extreme environmental conditions. With dwindling financial funds and organisational restructuring at the beginning of the 90ies nothing good was to be expected.

Then, luckily, positive environmental changes could be reported. Middle Europe emerged again. Geographically defined as an area which includes Bavaria, Baden-Württemberg, Austria, Czechia, Slovakia, Slovenia and Hungary, cultural similarities have increasingly appeared after the political changes over the past few years. If you apply Wittgenstein's theory of family likeness to these cultures, various forms of one main theme appear. Enriched by various linguistic and historical traditions there are many people in this, globally speaking, small area who have a pronounced sense of handicraft, technology and aesthetics in the broadest sense. Additionally, there is a distinct tendency in this part of Europe to observe and discuss life and fellow man. This sharpens the senses which are important for later successful designers.

Austrian institutions for design draw students, teachers and co-partners from the countries mentioned above. Furthermore, over the last years it has been popular among Austrian students to embark on a tour. Be it a semester in a mostly European university, be it a first employment in a foreign office or concern.

At the moment notably many of these students like to return after their year of travel or apprenticeship. Their know-how mixed with the self-confidence of successful creative people impresses Austrian customers as well. Moreover, it is possible to offer these companies a growing variety of services in the design area. Plus, the Austrian educational institutions offer an increasingly wide spectre. The critically observed expansion of capacities has enabled people to diversify the main fields of education as well as the academic degrees. So Austria offers design education in the areas of arts, engineering, natural sciences, humanities as well as economy from which the students can graduate as bachelors, masters or doctors. Applied research of the universities in cooperation with industry is daily routine and in addition to concrete results it makes the companies increasingly aware of the potential design has.

Consequently, design is on its way to the top levels of Austrian companies, where it can generate business success. It also rests especially with Austria's colleges to uncover potential and shape our country, apart from national vanities, again into the cultural heart of Middle Europe. Language barriers and bureaucratic difficulties ought not to be obstacles on this path. The quite neutral terrain of academia has, historically speaking, been often used as battleground, but it has also been a catalyst for the better ideas and the brightest minds. In a very similar way this publication is an effective medium to promote variety and equality. Such initiatives demonstrate that Austria has long since developed away from the middle with a distinct upward tendency.

Thus the Austrian design tree shall grow and grow, so that in future it will joyfully invite to tarry right in the middle of the colourful variety of the European orchard. Fact is: trees love the kissing as well as the pissing at their feet. Both provide them, in their own special way, with strength to grow. So this generation of students, teachers and creative people have it in their hands to prune a space between roots and crown which is worth living in and loving.

Bernhard Rothbucher, M.A., Ph.D.

born on the 24th of December of 1971
in Salzburg/Austria

Master's degree in Industrial Design, UfG Linz/Austria
Doctorate degree in Design Culture, Chiba University/Japan
Since 2002 owner of aka buna design consulting, Salzburg/Austria
Since 2004 Department Manager Industrial Design, design and product management, FH Salzburg/Austria
International research activities and conferences

entwicklungshilfe aus mitteleuropa

woraus können sich einzigartige charakteristiken entwickeln, die lebewesen oder produkten vorteile im leben bringen?

In der Natur sind das oft widrige Bedingungen: Ein starker Wind von der einen Seite lässt den Stamm besondere Verstärkungen ausbilden, um der Kraft zu widerstehen. Solche Anomalien machen den Stamm aber auch besonders attraktiv als Bauholz, z.B. für den Dachstuhl, wo er den Lasten entsprechend eingesetzt wird.

Österreichische Designausbildungsstätten produzieren seit Jahren unter teils extremen Umweltbedingungen. Schwindende finanzielle Mittel und organisatorische Umstrukturierungen konnten Anfang der 90er nichts Gutes erwarten lassen.

Aber dann gab es zum Glück ja positive Umweltveränderungen zu berichten. Mitteleuropa entstand wieder. Geographisch als Gebiet definiert, das Bayern, Baden-Württemberg, Österreich, Tschechei, Slowakei, Slowenien, und Ungarn einschließt, zeigen sich nach dem politischen Wandel der letzten Jahre wieder verstärkt die kulturellen Gemeinsamkeiten. Wenn man Wittgensteins These von den Familienähnlichkeiten auf die genannten Kulturen anwendet, so zeigen sich verschiedene Ausprägungen eines Grundthemas. Bereichert durch verschiedene Sprachtraditionen und Geschichte leben auf diesem im globalen Vergleich kleinen Gebiet viele Menschen mit einem ausgeprägten Sinn für Handwerk, Technik, Ästhetik im weitesten Sinn. Dazu kommt der ausgeprägte Hang in diesem Teil Europas, das Leben und die (Mit)Menschen zu beobachten und zu diskutieren. Das schult die für später global erfolgreiche Gestalter wichtigen Sinne.

Österreichs Designschulen beziehen aus den genannten Ländern Studierende, Lehrende und Kooperationspartner. Auch gehört es seit einigen Jahren fast schon zum guten Ton unter Österreichs Studierenden und Absolventen, sich auf eine Art Walz zu begeben. Sei es ein Semester auf einer, meist europäischen Hochschule, sei es ein beruflicher Anfang in einem ausländischen Büro oder Konzern.

Derzeit kann man beobachten, dass es viele von ihnen nach den Lehr- und Wanderjahren wieder zurückzieht. Das Know-how, vermischt mit dem Selbstbewusstsein des erfolgreich Schaffenden imponiert auch österreichische Auftraggeber. Diesen Firmen kann auch ein immer breiteres Angebot an Dienstleistungen im Bereich Design geboten werden.

Und auch die österreichischen Ausbildungsstätten bieten vermehrt ein unglaublich breites Spektrum. Der von vielen kritisch beobachtete Ausbau an Kapazitäten machte es möglich, sowohl in der jeweiligen Schwerpunktsetzung als auch in den akademischen Graden eine Vielfalt zu schaffen. So bietet Österreich künstlerische, ingenieurwissenschaftliche, natur- und geisteswissenschaftliche, sowie wirtschaftliche Designausbildungen im Rahmen von Bachelor-, Master/Magister- und Doktoratsstudiengängen an. Angewandte Forschung der Hochschulen mit der Industrie ist Alltag und erweitert bei den Unternehmen neben konkreten Ergebnissen auch das Bewusstsein über das Potential von Design.

Design ist damit auch in österreichischen Firmen auf dem Weg in die höchste Entscheidungsebene. Dort wo es Unternehmenserfolge generieren kann. Es wird auch besonders an Österreichs Hochschulen liegen, Potenziale aufzuzeigen und das Land abseits von nationalstaatlichen Eitelkeiten (erneut) als kulturelles Herz Mitteleuropas zu entwickeln. Sprach-, und Bürokratiebarrieren dürfen kein Hindernis auf diesem Weg sein. Der relativ neutrale akademische Boden war historisch oft ein Platz des Wettkampfes, aber auch ein Katalysator für die besseren Ideen und die hellsten Köpfe. In ähnlicher Weise ist auch die vorliegende Publikation ein wirksames Mittel, Vielfalt und Qualität zu fördern. Nach außen können solche Initiativen aufzeigen, dass österreichisches Design sich schon längst aus der Mitte entwickelt hat, und zwar mit eindeutiger Tendenz nach oben.

So soll also der österreichische Designbaum wachsen und wachsen, sodass er in Zukunft in besonderem Maße zum Verweilen einlädt, inmitten der bunten Vielfalt europäischer Obstbäume. Klar ist aber: Bäume lieben sowohl die Küssenden als auch die Pinkelnden zu ihren Füssen. Beide geben ihnen auf ihre Weise Kraft zum Wachsen. So liegt es an der jetzigen Generation Studierender, Lehrender und Schaffender den Platz zwischen Wurzeln und Krone lebens- und liebenswert zu trimmen.

Bernhard Rothbucher, M.A., Ph.D.

geboren am 24. 12. 1971 in Salzburg

Abschluss Magisterstudium Industrial Design/
UfG Linz Österreich
Abschluss Doktorratsstudium Design Culture, Chiba University, Japan
Seit 2004 Fachbereichsleiter Industrial Design, Studiengang Design und Produktmanagement, FH Salzburg
Seit 2002 Inhaber von aka buna design consulting, Salzburg
Internationale Forschungs- und Vortragstätigkeit

from the mediterranean to the danube

juland's search for the pure austrian design

Visiting Vienna's colourful market, the Brunnenmarkt in the 16th district, is like being plunged into another country. Fresh tomatoes, leeks, potatoes, preserved olives as well as meats, especially lamb legs, fish, but also clothes, printed bras and knickers, trendy sports jackets cram the stalls of the market. A young artists family is trying to get through the bustle with their pram and some shopping bags. The snack-bar is somewhere in the market lane 'Brunnengasse' and invites people for a delicious Viennese coffee in their shopping-break on its integrated beautiful sunny terrace. It is the perfect place to reflect about the realisation of the Pure Austrian Design.

The project initiators Julia Taubinger and Andrés Fredes know each other from Barcelona, where they spent many years of their designer life, before they met in Juland. Andrés, who lived for a very long time in this Mediterranean cultural metropolis, talks very enthusiastically about Barcelona: "Our life was at a great speed between work and social life. In a city like Barcelona, where the sun shines five months a year and the wind blows from the surrounding mountains, and the sea, you cannot slow down your life."

To live in Barcelona means also to be surrounded by design. Since the eighties there has been a big movement in order to make design present in public places as streets, squares, inside and outside of buildings. „Every year hundreds of exhibitions are organized, where people get information about the current global design news. We have heard a lot about the Scandinavian design, especially because of the increasing number of Scandinavians in Barcelona. Julia says: "People in Barcelona hear a lot about design from Germany, Switzerland, France, England, Holland, Portugal and even from the Czech Republic, but they never hear anything about Austrian design. This made us want to find out more about design in Austria."

Andrés, who already has a lot of experience as designer and author, explains:" We started to get granular on the design world of Austria and the ball rolling was set. We began to find out more about the Pure Austrian Design and first of all concentrated on furniture and illumination design which has a long tradition in Austria."

There are almost 1200 miles between the shores of Barcelona and the heart of Europe, in which Vienna has positioned itself. "Arriving in Vienna, we declared the city at the blue Danube our base camp, from where we covered about 3100 miles in all directions within Austria: Grossglobnitz, Etsdorf, Tulln, Linz, Niederneukirchen, Wels, Schloss Neuhaus, Haslach, Hammerteich, Pabneukirchen, St.Pölten, Strass, Graz, Wien, Terfens, Dornbirn, Höchst, Egg, Schwarzenberg, Imst, Wien Schwechat, Altheim, Ried/Innkreis, Waidhofen/Ybbs, Plaika, Sarmingstein, Aflenz, St.Pölten, Korneuburg were only a few stops among many others. Our travels served to track down ambitious design talents as well as renowned furniture and lights producers from the industrial sector in order to list a heterogenic group." Julia describes the initial stage of their project: "We couldn't imagine what was expecting us in Austria. We were just looking for hidden talents, waiting to be discovered for the global market. At the end we think we have found what we were looking for, but certainly not all of big talents are mentioned in this book. There is the one or the other whom we could not reach among this multitude of high mountains and deep valleys."

„The ground water is stored up invisible in the earth. In the same way is the strength of people stored up in the mass."
(I Ching – The Book of Change)

Andrés: "It was a big adventure to travel in Austria and discover a country which we didn't know well. Our aim was to find out everything about design in Austria. We were looking for something indescribable, something we didn't know where it was, only the fact about its certain existence relied on the long Austrian tradition and its' glorious history. This book represents 21 furniture and lights design companies and 27 design studios of an emerging generation."

"It was very exciting to experience different interpretations of design and to see various working methods on our travels between the Lake Constance and the Neusiedler See," says Julia and tells us about their exploring time in Voralberg: "In Voralberg furniture is mainly made of wood, which results in chasteness and elegance. In order to find this simple beauty, we partly had to drive through densely wooded forests. The miles long search, up and down the hills, brought us also to the amorphous, synthetic and computer aided design of this very modern time. It has been one long year since we started our search. Now we are certainly able to say that design culture exists in Austria. The creative search for new forms and their accrued quality stand for a successful attempt in order to reconsider tradition and to modernise and develop. The update of the Austrian furniture design does exist on a very high standard."

Outside of Austria the contemporary design seems to oscillate between little and hardly noticeable. Andrés underlines: "What can we do against this lacking presence? We think that it is necessary to stick together in any case, in curatorial as well as in social questions. It is necessary to reconsider everything and to see design as a cultural, economical and social phenomenon. High quality design improves the forms of living conditions and life. This is not just a trend, it is culture. The past shouldn't be ignored. Old, solid fundaments, of which there are plenty, should inspire us to look at the future."

Stefan Lechner joined the project a little later . He comes from the surroundings of Barcelona and is half Catalan, half German. He describes himself as a "typical European hybrid." His impressions about Vienna and Barcelona: "Barcelona is a great city to meet and live design. The Catalan government encourages debates about design and supports design organisations as well as independent groups and initiatives. This is the best way to stay in a permanent movement, which creates new hybrids and permanently reforms the affluent society on the Mediterranean. This stylish snack-bar container here at the market, on whose terrace we are sitting now, shows through kebab grills and several stalls, fresh apple juices, rye bread, horseradish, strudel and bacon a bit of a Barcelona-atmosphere. Internationality certainly benefits Vienna as cultural metropolis in Europe."

"Things are not really better in Barcelona than in Vienna, but we should be aware of the important fact that design has already played a big cultural and economical role for a long time in Barcelona. This project is active networking. We need a well networked basis in order to bring different groups of interests together. This book is more than just a book about design." explains Julia, and Andrés underlines: "It is all about design culture."

The audio-CD as electronic design soundtrack completes the book with 15 tracks of different Austrian labels. Stefan, who has worked as a dj in Germany and Barcelona for a long time explains his main job within this project:"We wanted to extend the definition of design with an added cultural factor. Nowadays design is mainly made on computer and so is the electronic music, which can be described as designed music. Audio-design from Austria has found not only national but above all international recognition. The internationally known night club "Flex" in Vienna is just one example of a sonoric playground for local audio-designers or audio-carpenters as we call them in the context of Audio Furniture."

Julia about the importance of the network:" Active networking has always been very important to us. That's also why we took pictures of djs and musicians together with pieces of furniture of emerging designers. The basis of this project has been connecting the different creative poles. In several events and exhibitions we will present 'live' the contents of the book."

Andrés adds:" We believe that the new design panorama shouldn't be hidden behind the high mountains of Austria. Austria is geopolitically the heart of Europe. This can be useful for many creative ideas."

In the meantime the sun has disappeared from the market lane 'Brunnengasse' and the air has started to loose its comfy warmness. We decide to leave the terrace accompanied by the smells of fresh coffee and grilled sausages. A few stalls further we find ourselves in the middle of the marketi, now much easier to stroll through.

vom mittelmeer an die ufer der donau

juland auf der suche nach dem pure austrian design

Frische Tomaten, Lauch, Kartoffeln, eingelegte Oliven und Rosmarin, dazwischen Lammkeulen, BHs aus Polyester, Trainingsjacken (die mit den vier Streifen) und Damenpullover mit rot-beige-grünen Diagonalstreifen. Eine junge Künstlerfamilie bahnt sich mit Hilfe ihres Kinderwagens und vier Einkaufstaschen den Weg durch das eher gemächliche Treiben auf dem Brunnenmarkt, 16. Bezirk, Wien. Irgendwo in der Brunnengasse steht – eingebaut zwischen den vielen aneinandergereihten Standln – ein Café-Kiosk-Container, der mit seinem zur Strasse hin offenen Bar und seiner Sonnenterrasse auf dem Dach die vorbeigehenden Markteinkäufer oder Flaneure zu einem gemütlichen Wiener Café einlädt. Die Sonne scheint mit frühlingshafter Intensität. Kein besserer Ort, um über die Entstehungsgeschichte von Pure Austrian Design zu reflektieren.

Die Initiatoren des Projektes, Julia Taubinger und Andrés Fredes, kennen sich aus Barcelona, wo sie aus verschiedensten Gründen mehrere Jahre ihres Designerlebens verbrachten, bevor sie sich in Juland trafen. Andrés, der sehr lange in der mediterranen Kulturmetropole lebte, kommt beim Thema Barcelona ins Schwärmen: „Wir lebten mit voller Geschwindigkeit ein Leben zwischen Arbeit und dem Easy-Going, das der Stadt bei 5 Monaten Sommer angenehmerweise vom Meer und der leichten Windbrise aus den naheliegenden Bergen, die im Winter zum „skiboarden“ einladen, aufgedrückt wird.“

Alltag in Barcelona bedeutet, von Design umgeben zu sein. Seit den 80er Jahren unternimmt die Stadt Barcelona viel, um Design im öffentlichen Raum, auf Straßen und Plätzen, und in und an Gebäuden präsent zu machen. „Jährlich finden Hunderte von kleinen bis großen Ausstellungen statt, wo man sich über die Gegenwart des europäischen und internationalen Designschaffens informieren kann. Wir haben viel über skandinavisches Design gehört, besonders, weil die skandinavische Bevölkerung in Barcelona proportional zu den Mietkosten der Wohnungen gewachsen ist, also stark“, so Julia. „Man bekommt dort viel mit über Design aus Deutschland, der Schweiz, Frankreich, England und Holland. Portugal als Nachbarland ist auch vertreten und sogar hie und da etwas aus Tschechien. Doch aus Österreich erreichte uns nie der kleinste Fingerzeig, weshalb wir uns die Frage stellten: Was geschieht eigentlich mit dem Design in Österreich?“

„Das gab den Startschuss für ein Projekt, um die Designlandschaft in Österreich mal unter die Lupe zu nehmen“, erklärt Andrés, der als Designer und Buchautor bereits einiges an Erfahrung aus dem Verlagssektor in Barcelona mitbringt. „Wir begaben uns auf die Suche nach dem „Pure Austrian Design“, vor allem konzentrierten wir uns zunächst auf die Bereiche Möbel- und Beleuchtungsdesign, jenen, die in Österreich lange Tradition haben.“

Fast 2000 Kilometer trennen die Mittelmeergestade, an denen Barcelona liegt, vom Zentrum Europas, in das sich Wien gerückt hat. Einmal hier angekommen und die Stadt an der Donau zum Basislager erklärt, wurden fast 5000 Kilometer kreuz und quer durch Österreich zurückgelegt: Grossglobnitz, Etsdorf, Tulln, Linz, Niederneukirchen, Wels, Schloss Neuhaus, Haslach, Hammerteich, Pabneukirchen, St.Pölten, Strass, Graz, Wien, Terfens, Dornbirn, Höchst, Egg, Schwarzenberg, Imst, Wien, Schwechat, Altheim, Ried/Innkreis, Waidhofen/Ybbs, Plaika, Sarmingstein, Aflenz, St.Pölten, Kornneuburg, waren einige der Stationen. All diese Reisen dienten dem Aufspüren und dem Zusammenstellen einer heterogenen Gruppe aufstrebender Designtalente und renommierter Hersteller von Möbeln und Beleuchtung aus dem Gewerbe- und Industriebereich. „Wir konnten uns nicht vorstellen, was uns in Österreich erwartete, wir suchten nach dem verborgenen und lebendigen Talent, das auf dem Weltmarkt vorzeigbar ist,

„Das unterirdische Wasser bleibt unsichtbar mitten in der Erde. So verbirgt sich auch die Stärke des Volkes in der Masse.
(aus I Ching – das Buch des Wandels)

und wir glauben, dass wir es gefunden haben, obgleich sicher nicht alle in der uns vorliegenden Sammlung vertreten sind. Der eine oder andere Designer wird uns in dieser Vielzahl von Bergen und Tälern durch die Lappen gegangen sein“, beschreibt Julia diese Reisephase, die am Anfang des Projektes stand.

„Durch ein Land wie Österreich zu reisen, das wir nicht kannten, war ein Abenteuer, bei dem es galt, das Land in Sachen Design zu durchforsten, ja zu scannen, auf der Suche nach etwas, wovon wir nicht genau wussten, wo es ist, oder wie man es definieren kann, aber wo wir intuitiv sagen konnten, dass es kraft seiner starken heimischen Tradition und seiner ruhmvollen Vergangenheit existiert,“ schiebt Andrés ein. 21 Möbel- und Beleuchtunsdesignfirmen und 27 Design-Studios der aufstrebenden Generation waren schließlich die Ernte, die sich nun in diesem Buch mit 432 Seiten niederschlägt.

Es war spannend, die unterschiedlichen Designauffassungen und Arbeitsweisen zu erleben, die zwischen dem Bodensee und dem Neusiedlersee bestehen. „In Vorarlberg sieht man – natürlich nicht nur, aber doch verstärkt – die Beschäftigung mit dem Werkstoff Holz, die sich in Möbelstücken ausdrückt, die sich in ihrer reduzierten Eleganz stark von den materialgerechten Verbindungen leben. Um diese schlichte Schönheit zu finden, mussten wir zum Teil stundenlang durch dichte Wälder fahren. Wir haben uns auch das eine oder andere Mal verfahren.“ Die kilometerreiche Suche bergauf, bergab führte uns auch zum amorphen, synthetischen und computeranimierten Design der hypermodernen Jetztzeit,“ erklärt Julia. „Es hat ein Jahr gedauert, seit wir die Suche begannen. Und wir können klar sagen, dass Designkultur in diesem Land existiert und dass die kreative Suche nach neuen Formen und ihre daraus erwachsene Qualität einen wahrhaftigen Versuch darstellen, die eigene Tradition zu hinterfragen, sich zu modernisieren und weiterzuentwickeln.
Es gibt sie, die Aktualisierung des österreichischen Möbeldesigns, und das auf hohem Niveau.

Außerhalb Österreichs scheint das zeitgenössische Designschaffen jedoch eher zwischen weniger präsent bis verschwindend gering zu oszillieren. „Was kann man gegen diesen Mangel an Präsenz tun? Wir denken, dass eine gemeinsame Bemühung erforderlich ist, die in allen Bereichen sowohl auf amtlicher als auch auf sozialer Ebene greift. Eine Neubewertung ist notwendig und eine Haltung, die entschieden auf Design als kulturelles und ökonomisch-soziales Phänomen setzt. Gutes Design verbessert die Formen des Lebens und Zusammenlebens. Das ist nicht einfach ein Trend, sondern Kultur. Dabei sollte man auch nicht die Vergangenheit ausradieren, sondern ausgehend von bestehenden, soliden Fundamenten, von denen es hier genügend gibt, in die Zukunft blicken,“ bekräftigt Andrés.

Stefan Lechner, der etwas später zu diesem Projekt dazu stieß, stammt aus der Nähe von Barcelona, ist Halb-Katalane-Halb-Deutscher, ein „typisch europäisches Hybrid“ so seine Selbstdefinition, spricht weiter: „Barcelona zum Beispiel ist ein großes Schaufenster, um Design zu sehen und zu leben. Die katalanische Regierung regt die Auseinandersetzung mit Designthemen an und fördert Designerorganisationen sowie unabhängige Gruppen und Initiativen. Es ist die wirkungsvollste Weise, konstant in einem Fluss von Bewegung zu sein, der neue Hybride schafft, die dieser Wohlstandsgesellschaft am Mittelmeer buchstäblich Form geben. Dieser gestylte Café-Container, auf dem wir hier am Brunnenmarkt sitzen, birgt mitten in Wien zwischen Kebap-Grills und Standln, selbstgepressten Apfelsäften, Strudeln, Kren, Bauernbroten, Kürbissen und Speck ein wenig Barcelonaflair. Internationalität kommt Wien als europäische Kulturmetropole sicherlich zugute.“

„Nicht das in Barcelona alles besser ist, nein. Das einzige ist: Dort wurde schon lange erkannt, dass es sich lohnt, Design als Ausdruck einer Gemeinschaft zum Kulturgut zu erheben und zu einem Wirtschaftsfaktor werden zu lassen“, ergänzt Julia. „Mit diesem Projekt betreiben wir Networking. Das ist uns sehr wichtig. Wir brauchen eine gut vernetzte Basis, um etwas zu bewegen, um die verschiedenen Interessensgruppen zusammenzubringen. Das Projekt ist mehr als ein Buch mit Design. Andrés bekräftigt: „Es geht um Designkultur.“

Dass es um mehr geht, zeigt schon die Konzeption des Buches, die ergänzend zum grafischen Inhalt des Buches eine Audio-CD als elektronischen Design-Soundtrack zum Buch vorsieht. „Wir wollten damit den Designzusammenhang im kulturellen Sinne erweitern. Design entsteht heute hauptsächlich am Computer. Elektronische Musik ist also ‚designte' Musik, die im Gegensatz zu Pop und Rock mehr oder weniger aus Samples am Computer zusammengesetzt wird.“ So Stefan, der sich schon lange auch als DJ zwischen Deutschland und Barcelona bewegt und bei diesem Projekt vor allem für die Auswahl und die Zusammenstellung der CD zuständig zeigte. „Audio-Design aus Österreich ist, wenn wir so wollen, ein Bereich, der nicht nur hierzulande sondern vor allem auch international durchaus Wellen geschlagen hat. Das weit über die Landesgrenzen bekannte „Flex“ als sonore Spielwiese der heimischen Audio-Designer, oder Audio-Schreiner, wie wir sie im Zusammenhang mit ‚Audio Furniture' nennen, soll hier nur als Beispiel herhalten.“

Julia versucht diesen übergeordneten Bogen weiterzuspannen. „Hier war uns aktives Networking sehr wichtig. Wir haben für das Buch die DJs und Musiker zusammen mit jungen Designern und ihren Möbeln fotografiert. Dieses Vernetzen der verschiedenen kreativen Pole ist die Basis des gesamten Projektes, und das bis hin zu den Events und Ausstellungen, bei denen wir die Inhalte des Buches sozusagen ‚live' unter die Leute bringen.“

Wir denken, dass das neugeformte Designpanorama durchaus im Ausland vorzeigbar ist und sich nicht hinter den wunderschönen Bergen Österreichs zu verstecken braucht. Österreich ist geopolitisch ins Zentrum Europas gerückt. Diese Gunst der Lage kann durchaus vielen neuen Ideen dienlich sein,“ so Andrés.

Inzwischen ist die Frühlingssonne aus der Brunnengasse verschwunden, was sich unter anderem auch daran zeigt, dass der Hauch aus den Mündern der drei europäisch-hybriden Designbuchautoren immer größer wird. Wir beschließen, die Hochterrasse zu verlassen und uns, begleitet vom Duft von frisch gemahlenem Kaffee und von gegrillten Käsekrainern einige Standln weiter, in das inzwischen etwas abgeklungene Markttreiben zu begeben.

bene
office culture

Office Nomades

9:00 Monday morning: pent up worries about parking space, caffeine reserve nearly spent. 9:15 precision landing on the seat: cushions in tough competition. 9:30 wake up from sleeping mode. 10:00 "You've got mail": surf the net standing and stretching. The table takes it all. 11:15 talks cum connected thinking over the corner. Harbour in a stormy work routine. 12:00 team conference: the ship moves on. 14:00 projects are kicked off: the furniture is a good sport. 17:15 memo for sailors: my office is wherever I am. Tomorrow again.

Büronomaden

9:00 Montag Früh: Angestaute Parkplatzsorgen, Koffeintanks auf Reserve. 9:15 Punktlandung am Sitzplatz: Polster im harten Wettbewerb. 9:30 Aufwachen aus dem Ruhezustand. 10:00 „Sie haben Post": Surfen im Stehen, Recken und Strecken. Der Tisch macht mit. 11:15 Besprechung über Eck plus Vernetztes Denken. Oasen im wüsten Arbeitsalltag. 12:00 Teamkonferenz: Die Karawane zieht weiter. 14:00 Projekte kommen ins Rollen: das Mobiliar zeigt sich beweglich. 17:15 Memo für Nomaden: Mein Büro ist dort, wo ich gerade bin. Morgen wieder.

//001

FOLDING_COM TABLE
folding table/Falttisch
Designer Christian Horner, Johannes Scherr, Kai Stania
E1 chipboard, steel/E1 Feinspanplatte, Stahl

03

04

07

08

X9
table/Tisch
Designer Bene
E1 chipboard, steel/E1 Feinspanplatte, Stahl

LIFT TABLE
table/Tisch
Designer Bene
compact plate, pneumatic spring, steel/Compactplatte, Gasdruckfeder, Stahl

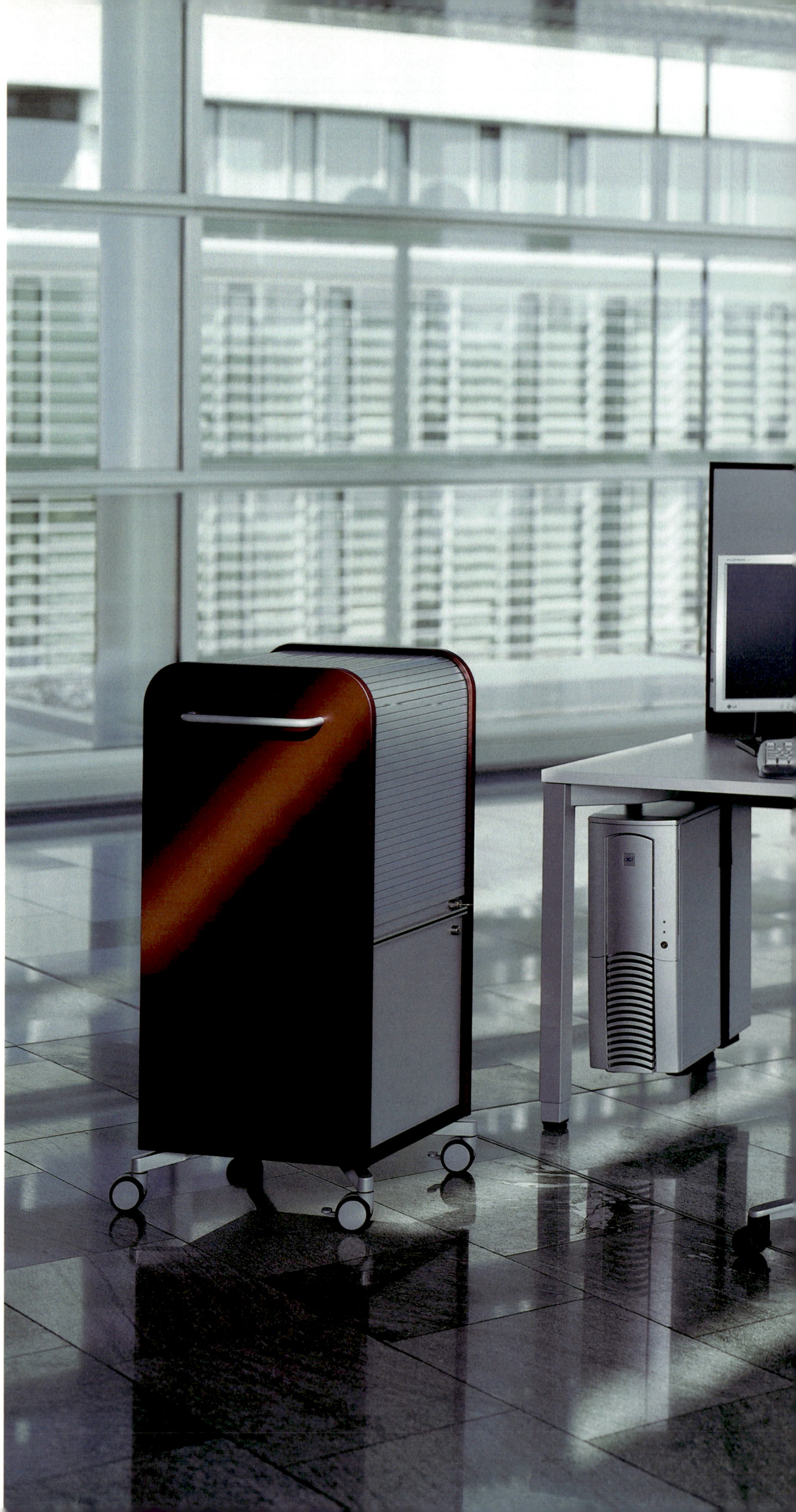

K2 CADDY
auxiliary furniture/
Mobiles Assistenzmöbel
Designer Johannes Scherr
E1 chip board, steel/E1 Feinspanplatte, Stahl

AL-GROUP
management programme / Management Programm
Designer Kai Stania
compact plate, aluminium / Compactplatte, Aluminium

COFFICE TWIST SOFA
twist sofa/Twist sofa
Designer Johannes Scherr
foam, leather, steel/Schaumstoff, Leder, Stahl

COFFICE
easy chair / Fauteuil
Designer Johannes Scherr
foam, fabric, steel / Schaumstoff, Stoff, Stahl

FILO
chair / Stuhl
Designer EOOS
mesh, fabric or leather, plastic injection moulding, aluminium pressure casting / Netz, Stoff oder Leder, Kunststoff, Spritzguss, Aluminium-Druckguss

RONDO
chair/Stuhl
Designer Christian Horner, Johannes Scherr, Kai Stania
plywood: maple, beech or cherry veneered,
fabric or leather, steel/
Schichtholz: Ahorn, Buche oder Kirsch furniert,
Stoff oder Leder, Stahl

M_COM TABLE
conference table/Konferenztisch
Designer Christian Horner, Kai Stania
E1 chipboard, steel/E1 Feinspanplatte, Stahl

concreto

Concrete(ly) direct

They take a stand in the context of reduced interior design, they give clear statements as far as solid furniture is concerned. On the look-out for lasting solutions lines and faces draw angular objects in the room: tables and benches placed in such an ultimate fashion as if they had been there all the time; massive slabs stored on a long-term basis – furniture definitions poured in cement, massive enough to weather the surf, and yet, it seems as if they could ride its waves.

Beton(t) direkt

Sie beziehen Stellung im Kontext reduzierter Raumgestaltung, treffen klare Aussagen, wo es um solides Inventar geht. Auf der Suche nach bleibenden Lösungen zeichnen Linien und Flächen kantige Gegenstände in den Raum: Tische und Bänke, so endgültig plaziert, als wären sie immer schon da gewesen; massive Scheiben, langfristig gelagert – Möbeldefinitionen in Zement gegossen, schwer genug, um der Brandung zu trotzen, und doch scheint es, als könnten sie auf ihrer Welle reiten.

//002

TISCH
table / Tisch
Designer Mandl & Bauer
oak plate on concrete slabs / Eichenplatte auf Betonplatten

PLATTE
fire place with concrete slab/Feuerstelle mit Betonplatte
Designer Mandl & Bauer
concrete/Beton

ESSTISCH MIT AUSKRAGENDER BETONPLATTE
dining table / Esstisch
Designer Mandl & Bauer
concrete / Beton

STANDBECKEN
basin/Standbecken
Designer Bauer
NEPPIA fairfaced concrete, stainless steel/NEPPIA-Sichtbeton, Edelstahl

WANDFEUER
hanging fire place/Feuerstelle hängend
Designer Bauer
FUOCO concrete/FUOCO-Beton

TISCH AUF EDELSTAHLSOCKEL
table/Tisch
Designer Mandl & Bauer
concrete, stainless steel/Beton, Edelstahl

conform

Coloured laundry

Bathing cult flick in cinemascope. Free seating, generous storage space, plenty of legroom. Refreshings are obligatory. A square start into the day: a surge of broadband images full of contrast swathed in late summer light. Holiday pictures trundle by: a wave of monochrome awnings on sun-bleached promenades; the beholder wallows in red-white-red. Instead of being crowded by the sea, having space by the water. As smooth as glass as far as the horizon, no wave in sight. Washing facilities on the running meter.

Buntwäsche

Badekultstreifen in cinemascope. Freie Sitzwahl, geräumige Ablagen, reichlich Beinfreiheit. Erfrischungen sind obligatorisch. Der Tag beginnt im Querformat: Kontrastreiche Breitbandflut im Spätsommerlicht. Urlaubsbilder ziehen vorbei: Ein Schwall monochromer Markisen auf sonnengebleichten Uferpromenaden; das Auge badet in Rotweißrot. Statt Gedränge am Meer, viel Platz beim Wasser. Bis zum Horizont spiegelglatt, kein Wellenberg in Sicht. Waschgelegenheiten am laufenden Meter.

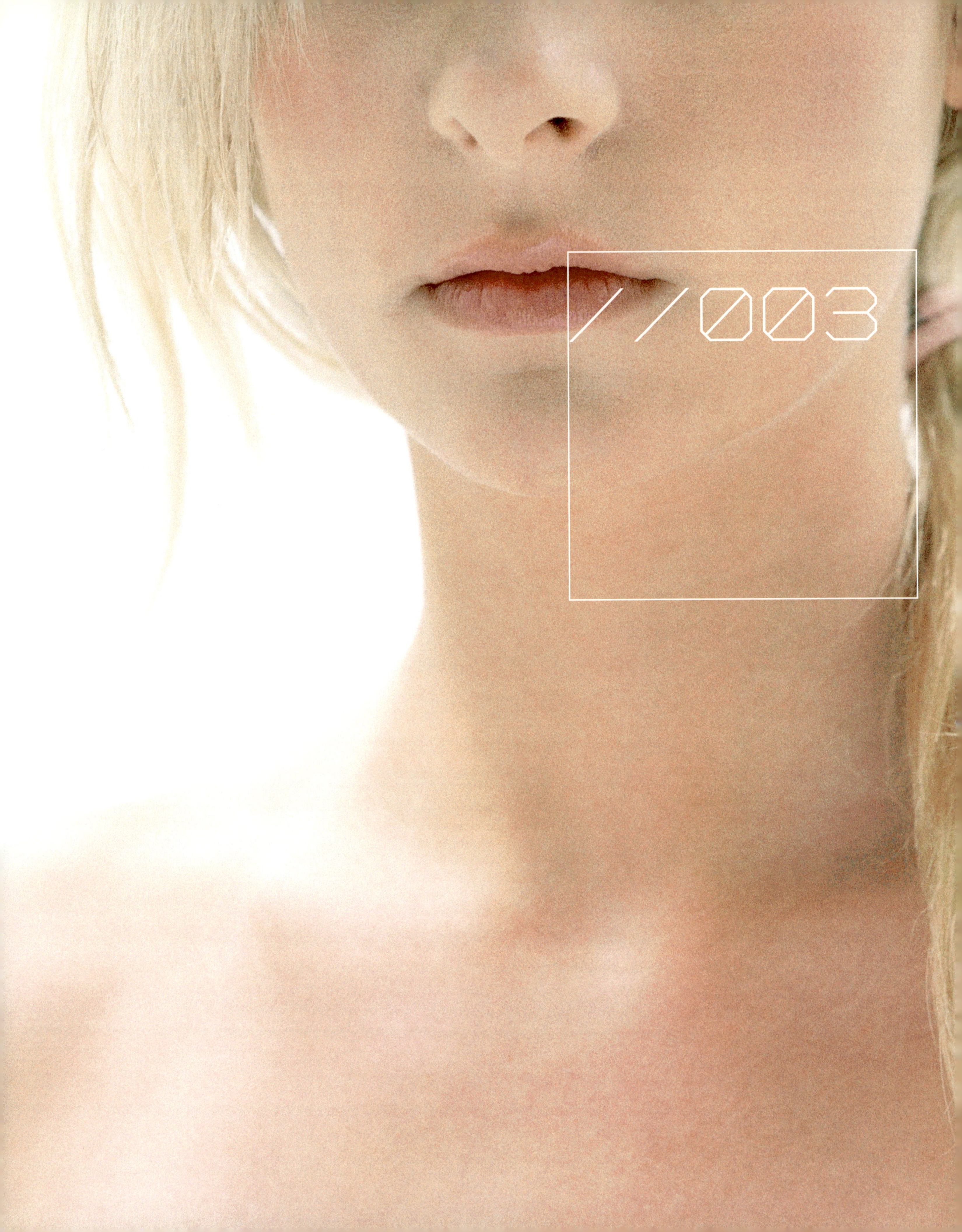
//003

CUBAGNO

bathroom furniture double washstand / Badmöbel Doppelwaschtisch

Designer Silvia Trenker, Herbert Schwingenschuh

mineral cast washstand, self-closing metal drawers, front foil coated in red high gloss, handles aluminium matt , aluminium lights, sliding door with mirrored cabinet / Mineralguss-Waschtisch, Metallschubladen mit Selbsteinzug, folienbeschichtete Front rot, hochglanz, Stangengriffe in Aluminium matt, Aluleuchte, Schiebetürspiegelschrank

CUBAGNO

bathroom furniture double washstand / Badmöbel Doppelwaschtisch

Designer Silvia Trenker, Herbert Schwingenschuh

washstand in mineral cast, self-closing metal drawers, front foil coated in red high gloss, handles aluminium matt, aluminium lights, sliding door mirrored cabinet / Mineralguss-Waschtisch, Metallschubladen mit Selbsteinzug, folienbeschichtete Front rot, hochglanz, Stangengriffe in Aluminium matt, Aluleuchte, Schiebetürspiegelschrank

CUBAGNO
bathroom furniture single washstand / Badmöbel Einzelwaschtisch
Designer Silvia Trenker, Herbert Schwingenschuh
mineral cast washstand, self-closing metal drawers, front foil coated in red high gloss, handles aluminium matt / Mineralguss-Waschtisch, Metallschubladen mit Selbsteinzug, folienbeschichtete Front rot, hochglanz, Stangengriffe in Aluminium matt

CUBAGNO

drawers under washstand/ Lade unter Waschtisch

Designer Silvia Trenker, Herbert Schwingenschuh

washstand in mineral cast, drawers arrangement in silvergrey, dumped self-closing metal drawers, front foil coated in red high gloss, handles aluminium matt/ Mineralguss-Waschtisch , Ladeneinteilung silbergrau, Metallschubladen mit gedämpftem Selbsteinzug, folienbeschichtete Front rot, hochglanz, Stangengriffe in Aluminium matt

CUBAGNO

bathroom furniture single washstand/Badmöbel Einzelwaschtisch

Designer Silvia Trenker, Herbert Schwingenschuh

mineral cast washstand, self-closing metal drawers, front and storage boards wenge pattern, handles aluminium matt , mirror with halogen-light, roll-fronted seat/Mineralguss-Aufsatzwaschtisch, Metallschublade mit Selbsteinzug, Front und Ablageplatten Wenge Dekor, Stangengriffe in Aluminium matt, Spiegel mit Halogen-leuchte, rollbares Sitzelement

CUBAGNO

bathroom furniture single washstand/Badmöbel Einzelwaschtisch

Designer Silvia Trenker, Herbert Schwingenschuh

mineral cast washstand, self-closing metal drawers, front pear pattern, handles, aluminium matt /Mineralguss-Waschtisch, Metallschubladen mit Selbsteinzug, Front Birne Dekor, Stangengriffe in Aluminium matt

ewe

... und nicht irgendeine küche

Time is a question of detail

Seven people are expected for dinner in an hour. They love meat, but two guests are vegetarian. So, in addition to the roast you have to prepare a vegetable main-course. Plus starters. Handling pots, hunting for utensils, cramped space, where the heck is the oil, mind your head.
Kitchen culture is a question of detail. A question of round corners. Of ideally positioned storage space and of lighting just where it is necessary to find what you need when you are cooking. Well thought out things make room for cooking delight: time is found in detail. If that's true, then you are not easily ruffled: the guests may come.

Die Zeit ist eine Frage des Details

Sieben Leute kommen in einer Stunde zum Abendessen. Sie lieben Fleisch, doch zwei der Gäste sind Vegetarier. Zu kochen ist zum Braten also noch ein Gemüse-Hauptgericht. Plus Vorspeise. Hantieren mit den Töpfen, Suche nach Utensilien, zu wenig Platz, wo ist denn bloß das Öl, aufpassen auf den Kopf.
Küchenkultur ist eine Frage des Details. Eine Frage der runden Ecken. Der ideal positionierten Ablageflächen und von Beleuchtung genau dort, wo sie benötigt wird, damit man beim Kochen sofort findet, was man braucht. Durchdachte Dinge schaffen Kochgenuss: Die Zeit steckt im Detail. Stimmt das, dann haben Sie die Ruhe weg: Die Gäste können kommen.

//004

SOFT MOBIL ANTHRACITE
kitchen (photo below
with MOBILE 1) / Küche
(Foto unten mit MOBILE 1)
Designer Coop Himmelb(l)au
multilayered laminate, anodised aluminium,
indian apple wood, cupboard with
aluminium blinds/
Postforming Schichtstoff, eloxiertes
Aluminium, indisches Apfelholz,
Aluminium-Rolloschrank

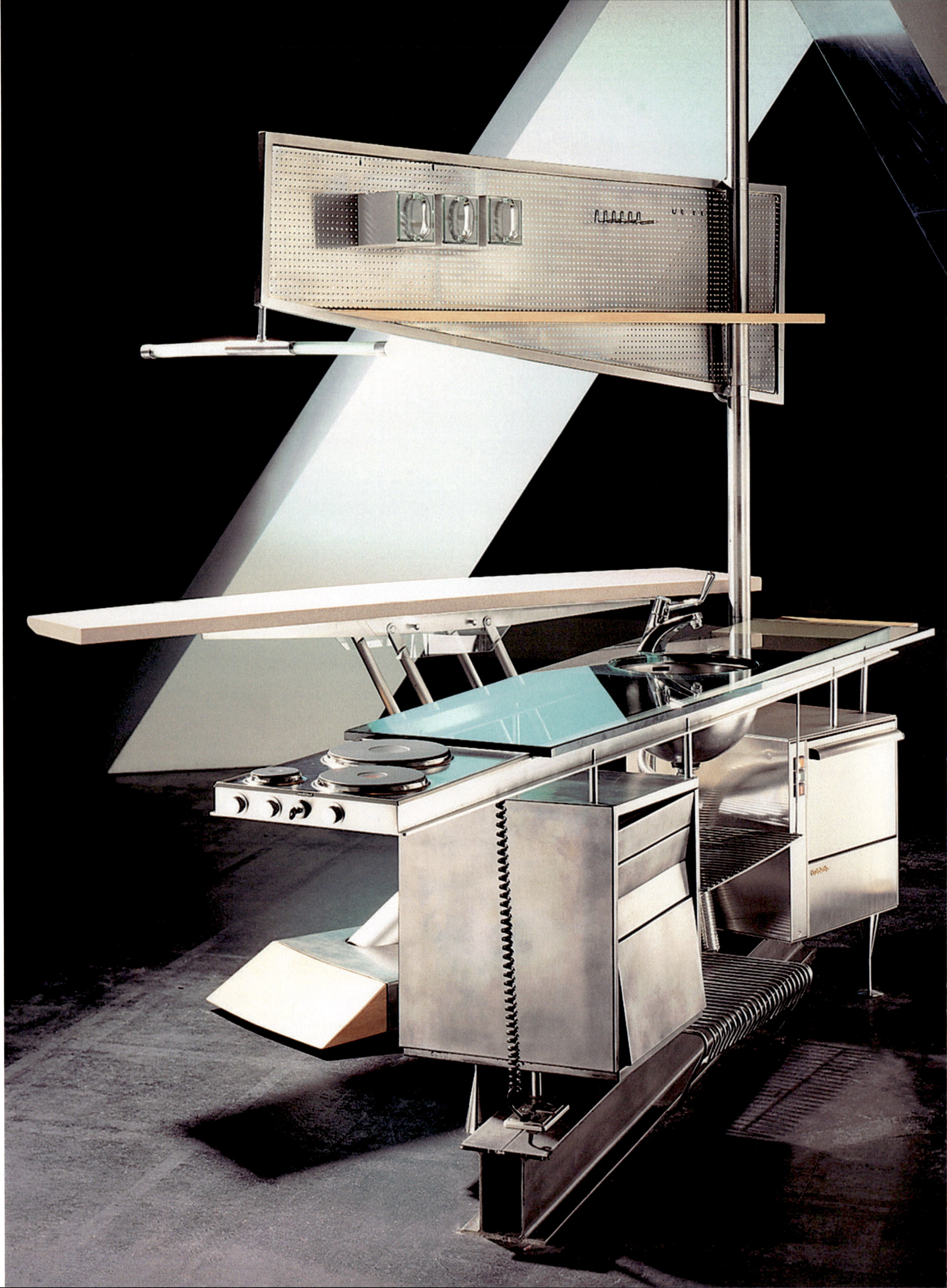

MAL-ZEIT

kitchen project/Küchenprojekt
"kunst kocht küche" (1989)

Designer Coop Himmelb(l)au

black plate, green glass, sand blasted perspex, chromed steel/Schwarzblech, grünes Glas, sandgestrahltes Plexiglas, verchromtes Stahl

SOFT MOBIL WHITE
kitchen / Küche
Designer Coop Himmelb(l)au
multilayered laminate, anodised aluminium/
Postforming Schichtstoff, eloxiertes Aluminium

SOFT CUBE
characteristic detail/ Charakteristisches Detail
Designer Coop Himmelb(l)au
multilayered laminate, anodised aluminium/
Postforming Schichtstoff, eloxiertes Aluminium

SOFT CUBE
characteristic detail/ charakteristisches Detail
Designer Coop Himmelb(l)au
multilayered laminate, anodised aluminium/
Postforming Schichtstoff, eloxiertes Aluminium

SOFT MOBIL WHITE
kitchen with MOBILE 1/Küche mit MOBILE 1
Designer Coop Himmelb(l)au
multilayered laminate, anodised aluminium/
Postforming Schichtstoff, eloxiertes Aluminium

SOFT MOBIL CREAM
kitchen, island unit/Küche, Inselelement
Designer Coop Himmelb(l)au
multilayered laminate, anodised aluminium,
makasser wood/Postforming Schichtstoff,
eloxiertes Aluminium, Makasser-Holz

SOFT MOBIL CREAM
kitchen/Küche
Designer Coop Himmelb(l)au
multilayered laminate, anodised aluminium, makasser wood/Postforming Schichtstoff, eloxiertes Aluminium, Makasser-Holz

SOFT MOBIL CHILI
MOBILE 1
Designer Coop Himmelb(l)au
multilayered laminate, anodised aluminium/
Postforming Schichtstoff, eloxiertes Aluminium

SOFT MOBIL CHILI
kitchen/Küche
Designer Coop Himmelb(l)au
multilayered laminate, anodised aluminium/
Postforming Schichtstoff, eloxiertes Aluminium

SOFT MOBIL CHILI
kitchen / Küche
Designer Coop Himmelb(l)au
multilayered laminate, anodised aluminium / Postforming Schichtstoff, eloxiertes Aluminium

SIEMENS

gruber + schlager

la vita made in austria

Sense of living unbound

It may be a truism, but if it is, it is something we like to forget quite readily: a flat offers only as much space, as it does. We can not serve guests, eat ourselves, feed the children and work on the same folding table between bed and cupboard taking care not to run over the designer standard lamp. That is, we can, but only if we arrange our own bodies around the furniture. And that should not be necessary. Furniture should adapt to our needs.

Living is not a matter of state, but a matter of feeling – the feeling of a floating cabinet or a wardrobe which holds everything. The most beautiful objects stand on their own, the most practical ones hold a lot without being massive. The way you feel within your own four walls is just a question of ensemble.

Wohngefühl im Schweben

Es mag eine Binsenweisheit sein, aber wenn, dann ist es eine, die recht gern vergessen wird: Eine Wohnung hat nur so viel Platz, wie sie hat. Wir können nicht am gleichen Klapptisch zwischen Bett und Schrank Gäste bewirten, selber essen, Spiele spielen, die Kinder füttern und arbeiten, und dabei noch aufpassen, dass wir die Designer-Stehlampe nicht niederrennen. Das heißt, wir können schon, aber nur, wenn wir den eigenen Körper sozusagen um die Möbel herumbasteln. Und das sollte nicht notwendig sein. Möbel sollten sich unseren Bedürfnissen anpassen.

Wohnen ist kein Zustand, sondern ein Gefühl – das Gefühl einer Kommode, die schwebt, oder eines Kleiderschranks, in den alles passt. Die schönsten Objekte stehen ganz für sich allein, die Praktischsten fassen viel, ohne massig zu sein. Wie man sich fühlt in seinen vier Wänden ist eine Frage des Ensembles.

//005

ELEMENTS
bench/ Sitzbank
Designer Look 4 Design
european nut tree/ Europäischer Nussbaum

ELEMENTS
bench/Sitzbank
Designer Look 4 Design
european nut tree/Europäischer Nussbaum

ELEMENTS
dining table, sideboard / Esstisch, Sideboard
Designer Gruber + Schlager
european cherry tree, white varnish/
europäischer Kirschbaum, Hochglanzlack weiß

ELEMENTS
shelving, flat screen tv-element / Regal, Flat Screen TV-Element
Designer Gruber + Schlager
european cherry tree, grey varnish / europäischer Kirschbaum, Lack kieselgrau

KALA
hanging sideboard/Hängesideboard
Designer Atelier Klinger
zebrano, varnish chimney red/Zebrano, Lack kaminrot

ELEMENTS
table, wardrobe / Tisch, Schrank
Designer Gruber + Schlager
oak natural, matt / Eiche natur, stumpf matt

ELEMENTS
TV cupboard and video / TV-Schrank und Video
Designer Gruber + Schlager
beech natural, steel, aluminium colour, powder-coated / Buche natur, Rahmen Stahl, alufarbig, pulverbeschichtet

LOGO
shelving/Regalwand
Designer Gruber + Schlager
light acorn, varnish white-cherry red/
Ahorn hell, Lack weiß-kirschrot

DREAMLINE
wardrobe / Schrank
Designer Gruber + Schlager
oak, wenge colour, high gloss varnish egg colour / Eiche wengefarbig, Lack Eierschale, Hochglanz

DREAMLINE
bed/Bett
Designer Gruber + Schlager
european nut tree, varnish silky grey/
Europäischer Nussbaum, Lack seidengrau

CUBIKO
hanging sideboard / Hängesideboard
Designer Gruber + Schlager
satin nut, varnish chimney red / Satinnuss, Lack kaminrot

hussl

Some chairs can talk

Heavy seating furniture is firmly convinced of itself. Here they sit, big and wide around the table, with hardly any room in between.
Hussl-chairs do not. They do not take up space for themselves. In fact they are like an elegant invitation to take a seat: "We are chairs !" they say, "you can have a seat, but you don't have to negotiate with us." That masterly are their proportions. The coffee house chairs made from solid wood connect in their delicate form to traditional coffee house seating and are, at the same time, ideal in confined surroundings. Other designs support the architectural qualities of their environment. You can tell that it is well worth accepting the invitation, as soon as you sit.

Manche Stühle können sprechen

Gewichtige Sitzmöbel sind felsenfest von sich überzeugt. Stehen da, groß und breit, rund um den Tisch, kaum Platz dazwischen.
Hussl-Stühle sind das nicht. Sie nehmen den Raum nicht für sich ein. Viel mehr sind sie wie eine elegante Einladung zum Sitzen: „Wir sind Stühle !", sagen sie: „Du kannst Platz nehmen, aber du musst nicht mit uns verhandeln." So gekonnt ist die Proportion. Die Kaffeehausstühle aus Massivholz knüpfen in ihrer Leichtigkeit an traditionelle Kaffeehausbestuhlung an und sind gleichzeitig ideal bei wenig Platz. Andere Designs unterstützen die architektonischen Qualitäten ihrer Umgebung. Dass es sich lohnt, der Einladung Folge zu leisten, merkt man, sobald man sitzt.

//006

FORUM
stacking chair/Stapelstuhl
Designer Arge 2, Georg Kaserer, Mike Spindler
frame and seat, beech, coloured/
Gestell und Sitzschale, Buche, farbig

ST3
stacking chair / Stapelstuhl
Designer Arge2
frame, acorn / Gestell, Ahorn

ST3
stacking chair / Stapelstuhl
Designer Arge2
beech frame / Gestell Buche

PUR
table from the edition "structures" / Tisch aus der Edition "structures"
Designer Franz Polzhofer
side wall table, ribbed structure out of wood-aluminium compound material, oak / Wangentisch, Rippenstruktur aus Holz-Aluminium Verbundwerkstoff, Eiche

ST3
stacking chair / Stapelstuhl
Designer Arge2
acorn and beech frame, wood, upholstering /
Gestell in Ahorn und Buche, Holz, Polsterung

ST6

café chair / Café-Stuhl

Designer Arge 2

beech frame, coloured, open-pored varnish / Gestell, Buche, farbig, offenporig lackiert

PODIUM

stacking chair incl. 'active knob' / Stapelstuhl mit 'active knob'

Designer Arge2

beech, upholstering, plastic active knob / Buche, Polsterung, Knaufeinlage Kunststoff

mandl&bauer

Oven for new ideas

Kindling design of cosy resting-places. Luminous advertising for elementary attraction. Snapshots of oversized flame-pictures flicker amidst straight-lined living-landscapes. Their fleeting motives require a solid framework, fit in clearly structured wall surfaces: flaring energy lined by stone and glass. Comfort and security are caught in an orthogon, the crackling fire is slightly muted, but sparks keep leaping across and the eye lingers – enchanted, spellbound, ardent.

Ofen für neue Ideen

Zündendes Design behaglicher Ruhepole. Leuchtreklamen für elementare Anziehungskraft. Inmitten gradliniger Wohnwelten flackern Momentaufnahmen großformartiger Flammenbilder. Ihre flüchtigen Motive verlangen nach solider Rahmung, fügen sich in klar geordnete Wandflächen: Lodernde Energie, von Stein und Glas gesäumt. Geborgenheit wird orthogonal gefasst, das Knacken und Prasseln leicht gedämpft, doch immer springt der Funke über und der Blick verweilt - bezaubert, gebannt, Feuer und Flamme.

//007

FIRE CUBE
fire place / Feuerstelle
Designer Mühlböck
object concrete, ground / Objektbeton, geschliffen

FIRE BOARD
fire place/Feuerstelle
Designer Mandl & Bauer
object concrete, coloured/
Objektbeton, gefärbt

KAMIN HOCHFORMATIG
fire place / Feuerstelle
Designer Mandl & Bauer
object concrete, coloured / Objektbeton, gefärbt

GASKAMIN
fire place / Kamin
Designer Boley, Brödl
gas flame in bed of pebbles / Gasflamme in Kiesbett

KAMIN HOCHFORMATIG
fire place/Kamin
Designer Bauer
fire place leveled out with fireclay in front of stone facing/ Kamin mit Schamotte gespachtelt vor Steinverblender

OFFENER KAMIN
floating fire place/Kamin schwebend
Designer Mandl & Bauer
object concrete, ground/Objektbeton geschliffen

m design^3

All rooms flowing water

Refreshing gestures around your home. Interior and exterior bubble animatedly. Babbling and rippling in the rooms or outside in the yard, where a soft element keeps hitting hard metal sheets, the fluid content caresses the solid, lasting receptacle. Murmuring noises meet the ear, the fountain is in the living-room: a waterfall cuts through a wall, flows right across the room, into a stony shore – and is yet still in the middle of the house. Living with water. Boundaries begin to swim.

Alle Räume fließend Wasser

Erfrischende Gesten rings ums Zuhause. Innen- und Außenraum sprudelnd belebt. Es plätschert in Zimmern oder draußen im Hof und immer trifft weiches Element auf hartes Blech, umschmeichelt der flüssige Inhalt das feste, bleibende Behältnis. Fließgeräusche dringen ans Ohr, die Quelle liegt im Wohnzimmer: Ein Wasserfall durchschneidet die Wand, rinnt quer durch den Raum, mündet in einer steinigen Uferlandschaft – und ist doch immer noch mitten im Haus. Wohnen mit Wasser. Grenzen verschwimmen.

//008

MODELL VI
water fountain detail/Brunnendetail
Designer Jörg Zecha
stainless steel/Edelstahl

right below/rechts unten

MODELL I
water fountain/Brunnendetail
Designer Jörg Zecha
stainless steel/Edelstahl

SERPENTIN/ATTIC IN VIENNA/
DACHGESCHOSSWOHNUNG IN WIEN
water fountain/Brunnen
Designer Jörg Zecha
stainless steel, slate/Edelstahl, Schiefer

MODELL VII
netting fountain detail/Gewebebrunnen Detail
Designer Jörg Zecha
stainless steel netting/Edelstahlgewebe

TROG I–VI
trough/Trog
Designer Jörg Zecha
stainless steel/Edelstahl

MODELL VIII
table fountain/Tischbrunnen
Designer Jörg Zecha
stainless steel/Edelstahl

right/rechts

GEWEBEBRUNNEN/HOUSE IN PERCHTOLDSDORF
HAUS IN PERCHTOLDSDORF
water fountain/Brunnen
Designer Jörg Zecha
stainless steel, stainless steel netting/Edelstahl,
Edelstahlgewebe

MODELL V
water fountain / Brunnen
Designer Jörg Zecha
stainless steel / Edelstahl

MODELL I,II,V
water fountain/Brunnen
Designer Jörg Zecha
perforated stainless steel plate/Edelstahl-Lochblech

mühlböck

küche.raum

Passion fruits

Creative kitchen formulas with generous spacing. Clearly defined, well to read, fit for everyday. At home with professional cooking equipment. Superior substances, meticulously measured, lavishly composed, elegantly served. Menus from exquisite ingredients. Each course carefully thought over, diligently arranged and sparsely decorated. Nothing distracts from the original idea. The taste can blossom fully. Spacious prospects in the kitchen. A feast for the eyes.

Passionsfrüchte

Kreative Küchenrezepte mit großzügigem Zeilenabstand. Klar formuliert, gut lesbar, alltagstauglich. Zuhause im Dunstkreis professioneller Kochlabors. Edle Substanzen, akribisch bemessen, lustvoll komponiert, herrschaftlich angerichtet. Menüs aus erlesenen Zutaten. Jeder Gang wohl überlegt, ordentlich angeordnet und sparsam dekoriert. Nichts lenkt ab von der ursprünglichen Idee. Der Geschmack kann sich frei entfalten. Großzügige Aussicht über den Tellerrand. Das Auge kocht mit.

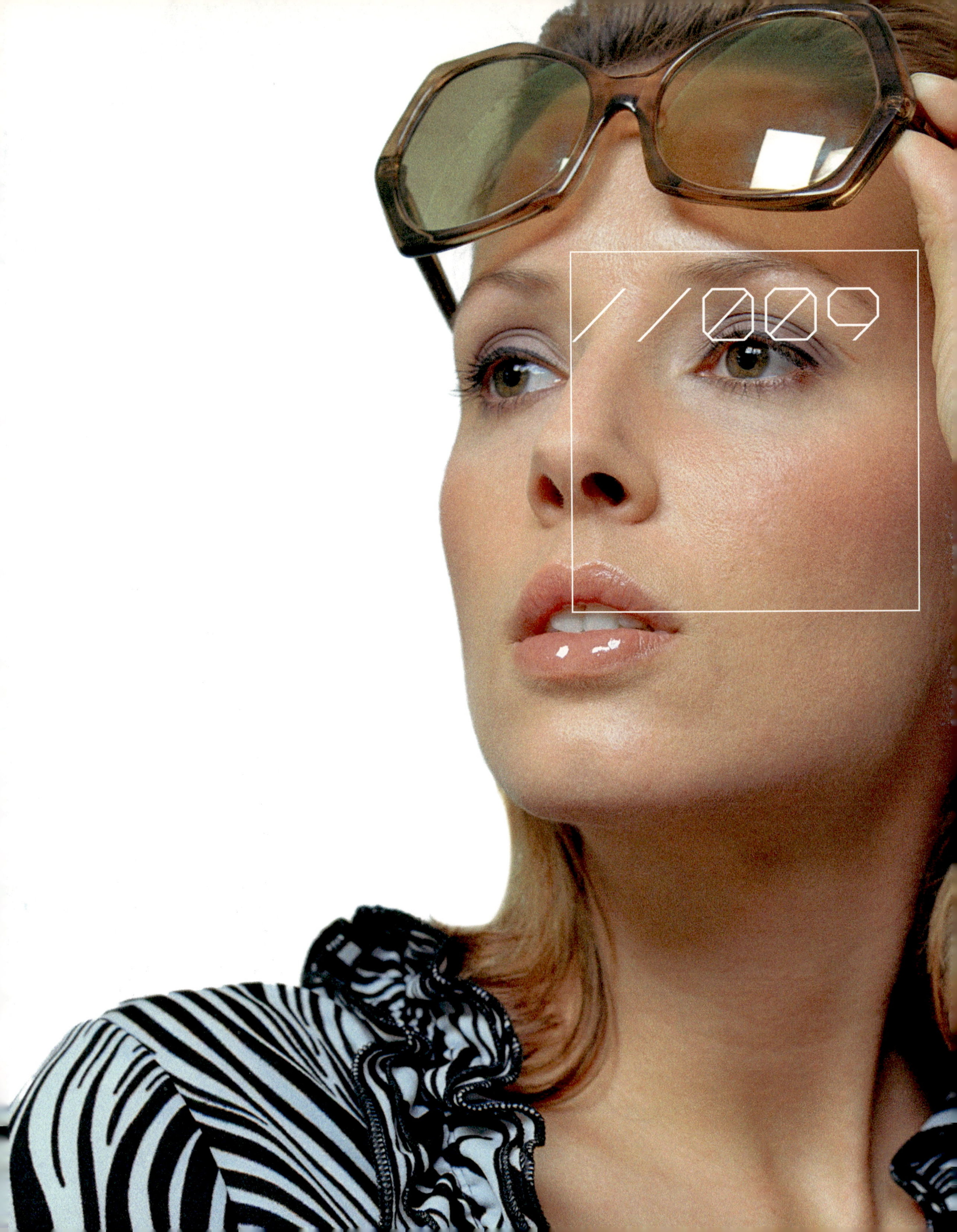
//009

MÜHLBÖCK-KÜCHE TYP 4.2
kitchen, homogeneous tall cupboard with touch-system/
Küche, homogenes Hochschrankmodul mit Touch-System
Designer Martin Mühlböck
black oak combined with high gloss finish, worktop: natural stone Nero assoluto, matt finish/ Schwarze Eiche kombiniert mit hochglänzendem Schleiflack,
Arbeitsplatte: Naturstein Nero assoluto, matt geschliffen

MÜHLBÖCK-KÜCHE TYP 4.2
kitchen, homogeneous tall cupboard with touch-system/Küche, homogenes Hochschrankmodul mit Touch-System
Designer Martin Mühlböck
black oak combined with high gloss finish, worktop: natural stone Nero assoluto, matt finish/ Schwarze Eiche kombiniert mit hochglänzendem Schleiflack, Arbeitsplatte: Naturstein Nero assoluto, matt geschliffen

Cool Hotels
Wein

MÜHLBÖCK-KÜCHE TYP 4

kitchen, cabinet module incl. shifting square – room divider usable on both sides / Küche, Schrankmodul mit Schiebequadrat – als Raumteiler beidseitig nutzbar

Designer Martin Mühlböck

wood front in zebrano timber combined with broken white high gloss finish, work top: natural stone Nero assoluto, matt finish combined with inox-sink area / Holzfronten in Zebrano Echtholz kombiniert mit gebrochen weißem Schleiflack, Arbeitsplatte: Naturstein Nero assoluto, matt geschliffen, kombiniert mit Inox-Spülwinkel

MÜHLBÖCK-KÜCHE TYP 4
kitchen / Küche
Designer Martin Mühlböck
wood front in ebony Makassar combined with high gloss finish and anodised aluminium front, worktop: natural stone Nero assoluto, matt finish / Holzfronten in Ebenholz Makassar tw. kombiniert mit weißem hochglänzendem Schleiflack und aluminiumeloxierten Fronten, Arbeitsplatte: Naturstein Nero assoluto, matt geschliffen

MÜHLBÖCK-KÜCHE TYP 4.2
kitchen, homogeneous tall cupboard with touch-system/ Küche, homogenes Hochschrankmodul mit Touch-System
Designer Martin Mühlböck
black oak combined with high gloss finish, worktop: natural stone Nero assoluto, matt finish/ schwarze Eiche kombiniert mit hochglänzendem Schleiflack, Arbeitsplatte: Naturstein Nero assoluto, matt geschliffen

MÜHLBÖCK-KÜCHE TYP 4.2

kitchen/Küche

Designer Martin Mühlböck

wood front in white high gloss finish, worktop: natural stone Nero assoluto, matt finish/Holzfronten mit weißem hochglänzenden Schleiflack, Arbeitsplatte: Naturstein Nero assoluto, matt geschliffen

MÜHLBÖCK-KÜCHE TYP 4
island unit with cantilevered worktop/Inselblock mit auskragender Arbeitsfläche
Designer Martin Mühlböck
white high gloss varnish, worktop: natural stone Nero assoluto, matt finish/weiß hochglänzender Schleiflack, Arbeitsplatte: Naturstein Nero assoluto, matt geschliffen

nanu licht

Quite bright

We know it, the Russian chandelier. Suspended from the ceiling naked and unadorned, blinding the eye. But still: a pretty shape – the pear shape. And with its re-discovery it has gained elegance. Because now nine of them are suspended over the table, wrapped in smooth, equally transparent, delicately ground glass cylinders, no longer on tangled up cables, but on smooth, silky rods. The Russian chandelier has become a lustre whose bright light does not punish the eye. As each of the bulbs shines with 25 watt. The filaments look as if several fireflies were hard at work to brighten everything beautifully.

Hell in der Birne

Wir kennen ihn, den russischen Kronleuchter. Hängt nackt und schmucklos von der Decke und blendet. Aber immerhin: eine hübsche Form – die Birnenform. Und bei ihrer Wiederentdeckung hat sie weiter an Eleganz gewonnen. Denn nun hängt sie zu neunt über dem Tisch, verpackt in glatte, ebenso durchsichtige, fein geschliffene Glaszylinder, und das Ganze nicht mehr an verschwurbelten Kabeln, sondern an glatten, seidigen Stäben. Der russische Kronleuchter wurde zum Luster, dessen Licht das Auge nicht straft. Denn jede der Birnen strahlt mit 25 Watt. Die Leuchtdrähte sehen also aus, als würden mehrere Glühwürmchen daran arbeiten, es schön hell zu machen.

//010

ZYLINDER 9
pendant / Hängeleuchte
Designer Gernot Manske
aluminium, brushed / Aluminium, gebürstet

EDISON 12
chandelier/Luster
Designer Gernot Manske
glass/Glas

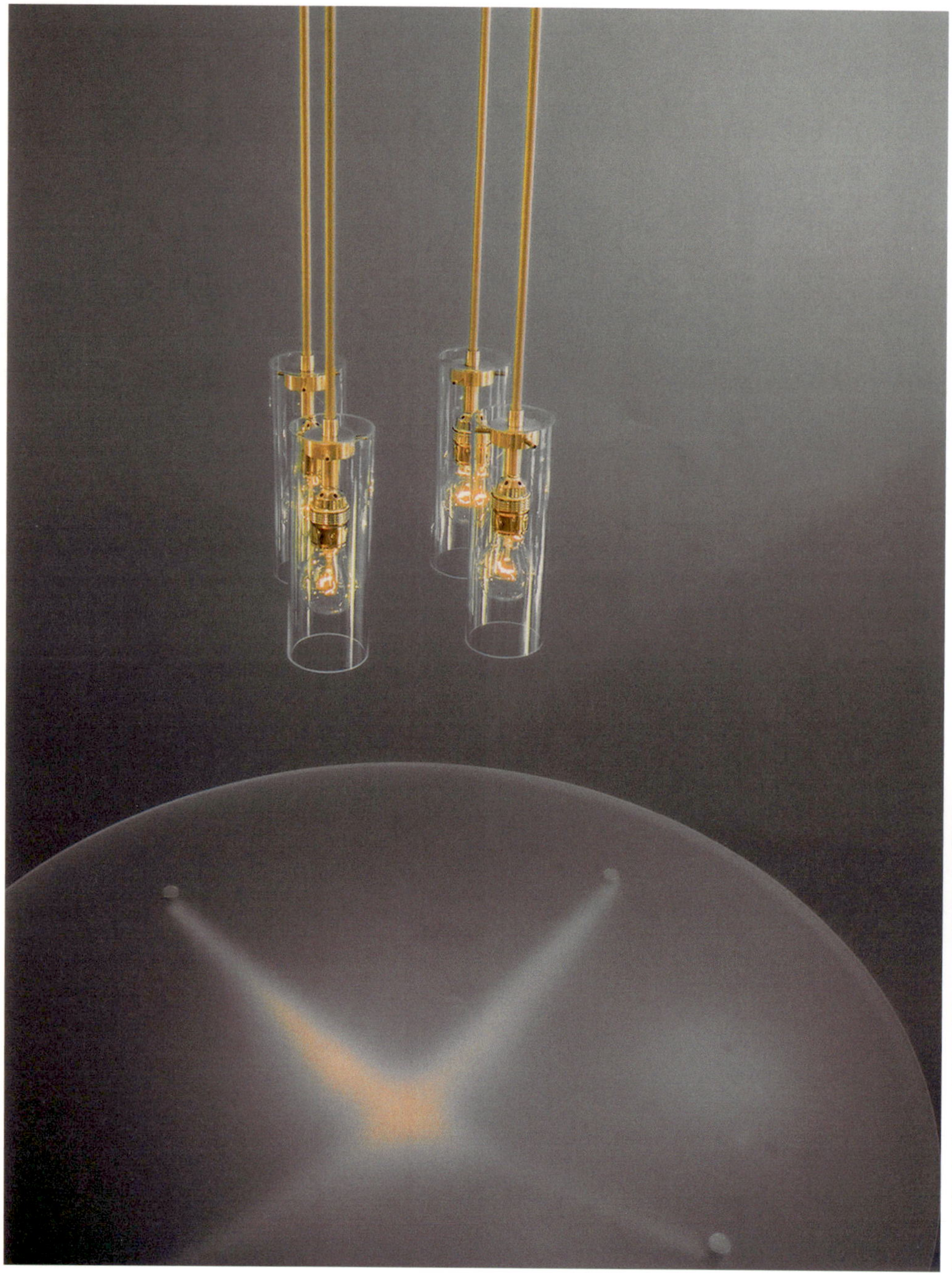

ZYLINDER 4
pendant/Hängeleuchte
Designer Gernot Manske
aluminium, brushed, glass/Aluminium, gebürstet, Glas

CUBIC 130L 4
pendant/Hängeleuchte
Designer Gernot Manske
aluminium, brushed, opal glass in two layers, red/ Aluminium, gebürstet, zwei schichtiges Opalglas, Rot

EDISON 9
pendant/Hängeleuchte
Designer Gernot Manske
aluminium, brushed/Aluminium, gebürstet

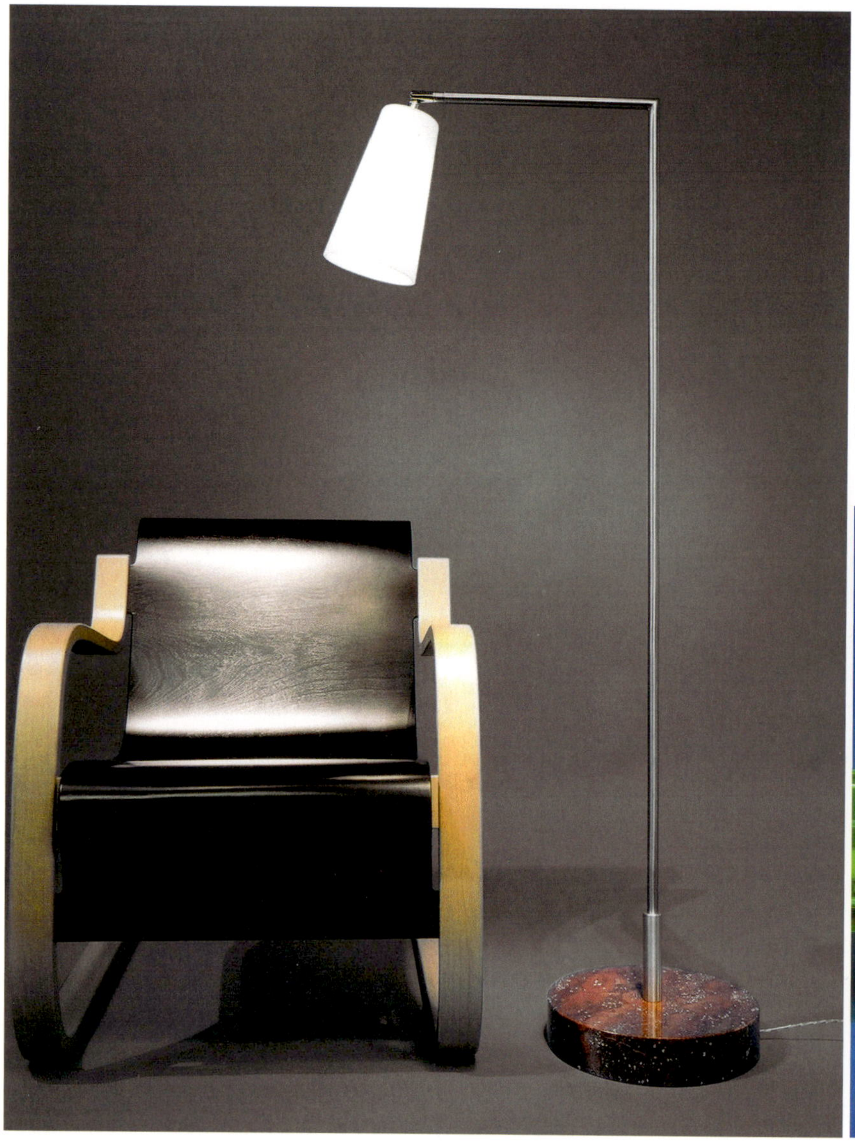

CUBIC 130L
floor lamp/Stehleuchte
Designer Gernot Manske
stainless steel, brushed, opal glass, marble/
Edelstahl, gebürstet, Opalglas, Marmor

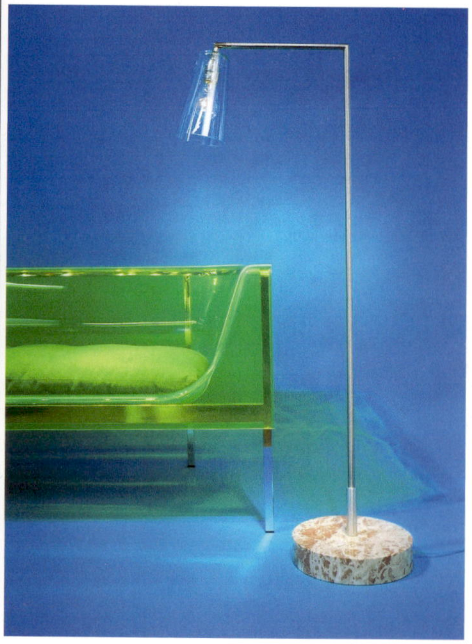

CUBIC 60L
reading lamp/Leseleuchte
Designer Gernot Manske
stainless steel, brushed aluminium/Edelstahl,
Aluminium gebürstet

neue wiener werkstätte

Tradition on modern feet

Timeless furnishing ideas expertly realised. Classical covers elegantly mastered. Be it in a homely row of rooms or in spacious foyers, seats present themselves the whole day. Being woken gently between rich colours, dining comfortably arranged around fine grain; sitting up straight in official company and at a late hour relaxing in gently curved shapes. Furniture design from dawn to dusk. Life changes – the scope of application remains unlimited.

Tradition auf modernen Beinen

Zeitlose Einrichtungsfälle routiniert gelöst. Klassische Bezüge elegant gemeistert. Ob in wohnlichen Zimmerfluchten oder weitläufigen Empfangsbereichen, Sitzgelegenheiten bieten sich den ganzen Tag. Sanft aufgeweckt werden zwischen kräftigen Farben, bequemes Speisen um edle Maserungen gruppiert; aufrecht sitzen in offizieller Runde und zu vorgerückter Stunde in sanft geschwungenen Formen entspannen. Möbeldesign von früh bis spät. Das Leben verändert sich – die Anwendungsbereiche bleiben unbegrenzt.

//011

WW 19 Modulsystem
hanging element, lowboard/Hängeelement, Lowboard
Designer NWW Designteam
glass, red varnished from behind, white varnish/
Glas, rot hinterlackiert, Lack weiß

ALEX
armchairs, side table/Fauteuils, Beistelltisch
Designer Heinz Klein
black leather, stainless steel, oak, black varnish/Leder schwarz, Edelstahl, Eiche schwarz lackiert

WW 29
Lowboard with alurols / Lowboard mit Aluminiumrollen
Designer NWW Designteam
oak, white varnish / Eiche, weiß lackiert

WW 19 MODULYSTEM
hanging board/Hängeboard
Designer NWW Designteam
rosewood/Palisanderholz

JULIETTE
dining chair/Esstuhl
Designer Jan Wichers
beech, textile cover/Buche, Textilbezug

WEEKEND
dining table/Esstisch
Designer Jan Wichers
mahogany wood/Mahagoniholz

VENUS

standard lamps/Stehlampen

Designer NWW Designteam

brushed stainless steel, chintz cream-coloured, skin of textile/
Edelstahl gebürstet, Chintz cremefarben, Stoffbespannung

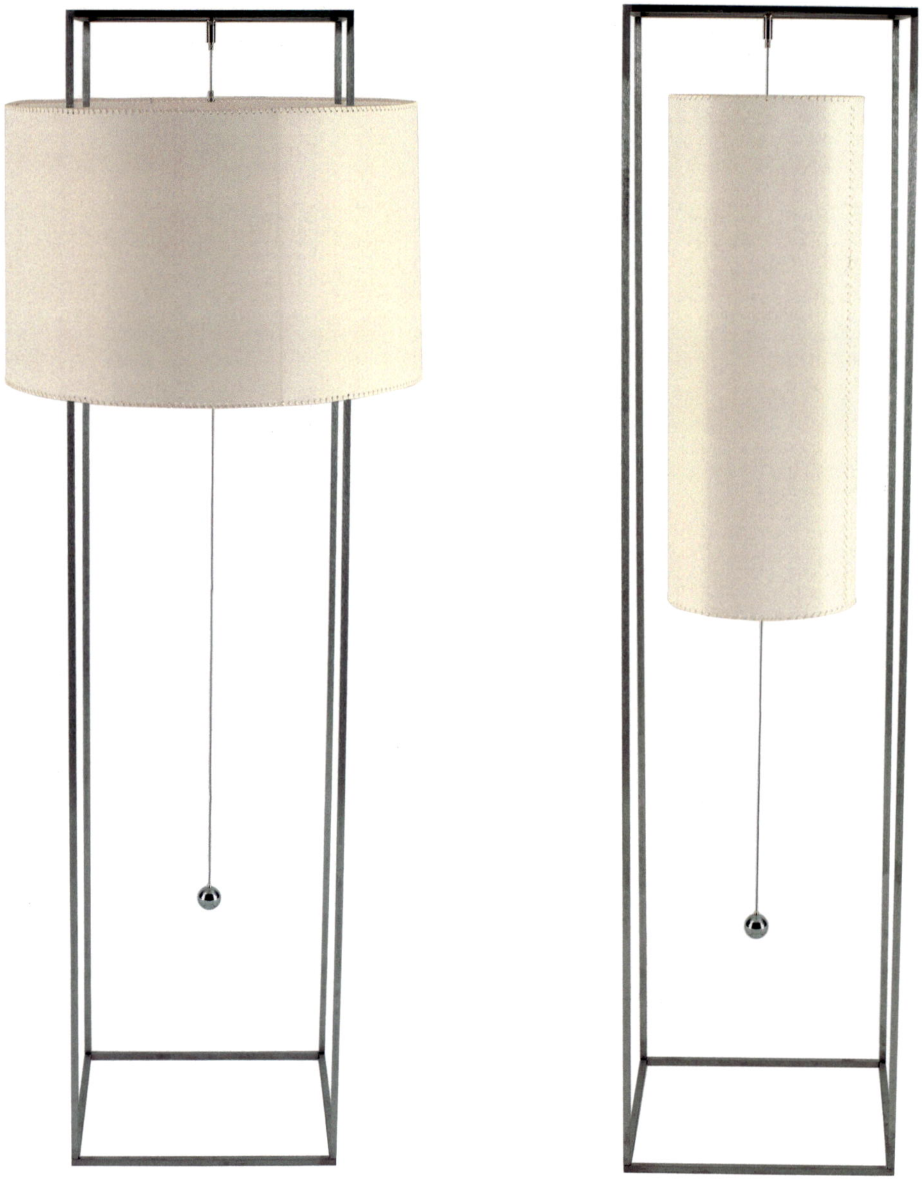

ADAGIO
cabinet/Vitrine
Designer Artemis Yunt-Pehlivanli
oakwood, varnished in black-brown,
rear panel in composition gold/
Eichenholz, schwarzbraun lackiert, Rückwand in Schlagmetall Gold

FOREVER
sofa/Sofa
Designer Hans Hopfer
black leather, red textile cover, brushed stainless steel/
Leder schwarz/Textilbezug rot, Edelstahl gebürstet

LUNAR
side table/Beistelltisch
Designer NWW Designteam
chalked oak, aluminium varnish/
Eiche gekalkt, Alu-Lackierung

LUNAR
sofa/Sofa
Designer NWW Designteam
textile cover, black beech/
Stoffbezug, Buche schwarz

TONIC
armchairs and sofa / Fauteuils und Sofa
Designer Gerald Brandstätter
black leather, brushed stainless steel / Leder schwarz, Edelstahl gebürstet

REICHSTAG

furniture plenar hall Berliner Bundestag/

Möblierung Plenarsaal Berliner Bundestag

Architekt Sir Norman Foster

leather, stainless steel/Leder, Edelstahl

schmidinger modul

ausgereifte entwürfe seriell produzieren

Gentle inner strength

It is a long way to the idyllic and remote Schwarzenberg:
Whoever negotiates his way through the meanders of Bregenzerwald does so because he really wants to. It is difficult to stumble across the workshops of Schmidingermodul by accident. Yet in this way the furniture designers meet the gentle but firm strength of wood: with intention. The intention to design. A dialogue between puristic ideas and fascination for the sensuousness of the material. The quiet luxury of unpretentious sophisticated form. Lightweight, ready for production. Fanned, stacked high, strung together seamlessly. International, finely distilled design in the land of the green mountains.

Sanfte Eigenkraft

Bis ins idyllische und abgelegene Schwarzenberg ist es ein weiter Weg:
Wer sich den Pfad dorthin durch die Windungen des Bregenzerwaldes sucht, tut es, weil er es will. Zu den Werkstätten von Schmidingermodul kann man sich also nur schwer per Zufall verirren. Doch eben so begegnen die Möbeldesigner der sanften, aber bestimmten Eigenkraft des Holzes: mit Absicht. Der Absicht, zu gestalten. Ein Dialog zwischen puristischen Ideenwelten und der Faszination für die Sinnlichkeit des Materials. Der stille Luxus einfach raffinierter Form. Leicht im Gewicht, serienreif. Gefächert, aufgetürmt, problemlos aneinander gereiht. Ein internationales, fein destilliertes Gestaltungsgut im Land der grünen Berge.

//012

DER KÖNIG VON SCHU

stacking chair/Stapelstuhl

Designer Sirch, Bitzer

timber, plywood/Massivholz, Sperrholz

ALSER

stacking chair/Stapelstuhl

Designer Christian Steiner

timber, plywood/Massivholz, Sperrholz

DER KÖNIG VON SCHU
stacking chair/Stapelstuhl
Designer Sirch, Blitzer
timber, plywood/Massivholz, Sperrholz

EXEL STAPPELSTUHL
chair/Stuhl
Designer Christian Steiner
timber, plywood/Massivholz, Sperrholz

LOISIUM
bench / Sitzbank
Designer Stephen Hall Architects
timber, / Massivholz

FATTY CONTAINER
stool trunk / Hockerkiste
Designer Harri Koskinen
plywood, metal fittings / Sperrholz, Metallbeschläge

BLOCKTISCH
table/Tisch
Designer Helmut Galler
timber, plate veneered/Massivholz, Platte furniert

LADIE'S DESK
desk/Schreibtisch
Designer Helmut Galler
timber/Massivholz

HOP
chair/Sessel
Designer Lorenzo Merani
plywood/Sperrholz

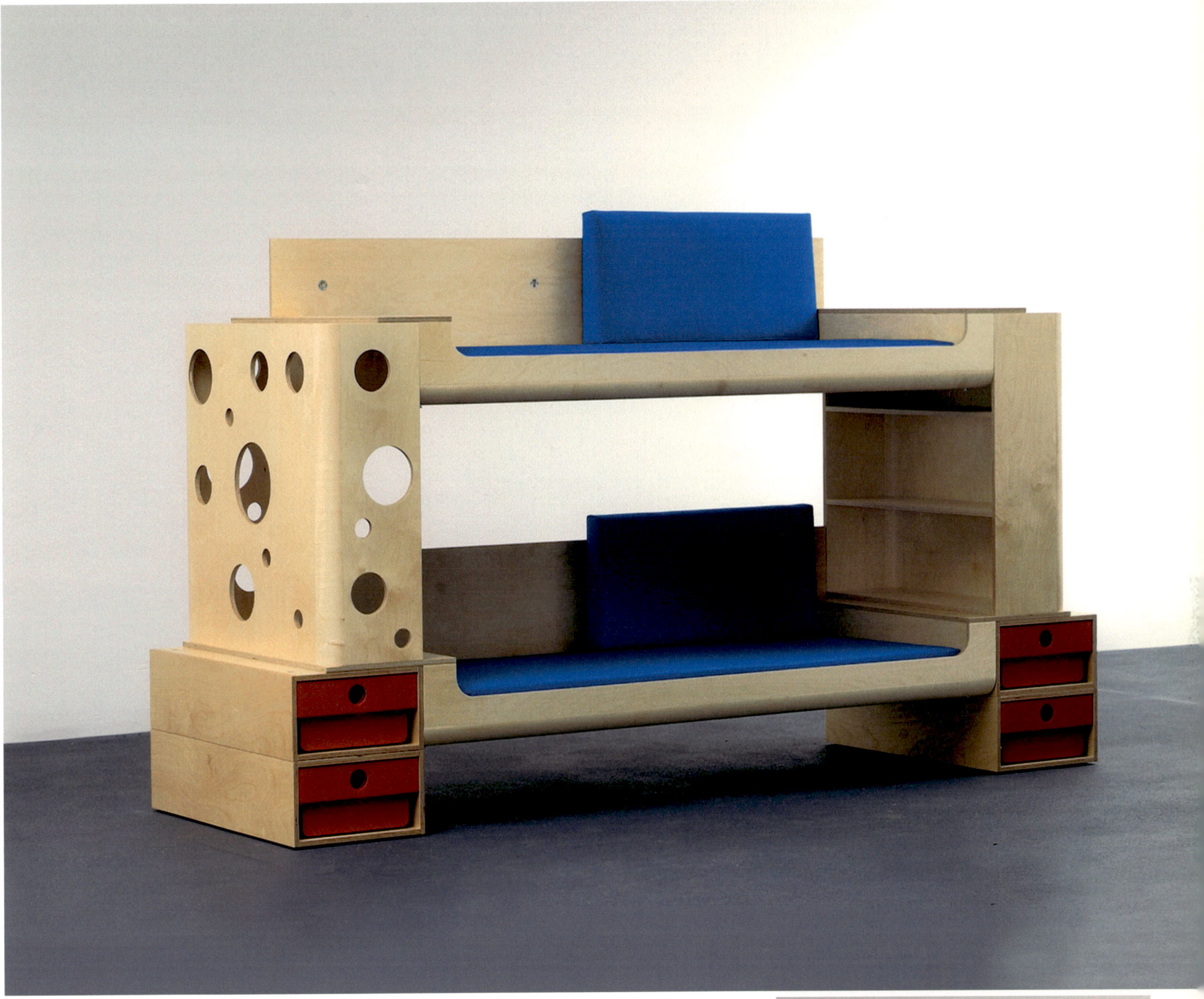

SIMMONS HALL
bunk bed / Hochbett
Designer stephen holl architects
plywood, textiles / Sperrholz, Textil

DELTA
chair/Stuhl
Designer Christian Steiner
timber, plywood/Massivholz, Sperrholz

ON
furniture project/Möblierungsprojekt
Designer Helmut Galler
timber, plywood/Massivholz, Sperrholz

streitner

individuum - die designmöbelkollektion

Some like it colourful

Office cabinet, wardrobe, bar or commode: the Card Mobile is colourful and runs on castors. With many drawers, flaps and doors – you can draw it open, roll it open or push it open. Everything can change – it doesn't have to stay the same. It could stay the same, because often it is already fine. However, it could also change – but without the uncertainties change invariably brings about. Gently rounded edges, the doors open with a slide and close with a rich sound. Furniture that improves the quality of life – with purple, zinc yellow, pastel orange, camel, chocolate, pistachio green and ivory.

Manche mögen's bunt

Büroschrank, Kasten, Bar oder Kommode: Das Card Mobil ist bunt und fährt auf Rollen. Mit vielen Laden, Klappen und Türen - zum Öffnen, Aufrollen oder Schieben. Alles kann sich verändern - es muss nichts gleich bleiben. Es könnte gleich bleiben, denn oft ist gleich auch schön. Aber es könnte sich eben auch verändern - jedoch ohne die Ungewissheit, die Veränderung mit sich bringt. Sanft gerundete Kanten, ein gleitendes Öffnen der Klapptüren und ein Schließen mit sattem Einrasten: Möbel als Lebensqualitätsverbesserung - mit Purpur, Zinkgelb, Pastellorange, Kamel, Schoko, Pistaziengrün und Elfenbein.

//013

BOX ROUNDED

modular furniture / Modulares Möbel

Designer Hannes Rohringer

high gloss varnish matt, shiny on wood, clear varnish on exotic wood / Farblack matt und hochglänzend auf Holz, Klarlack hochglänzend auf Edelholz

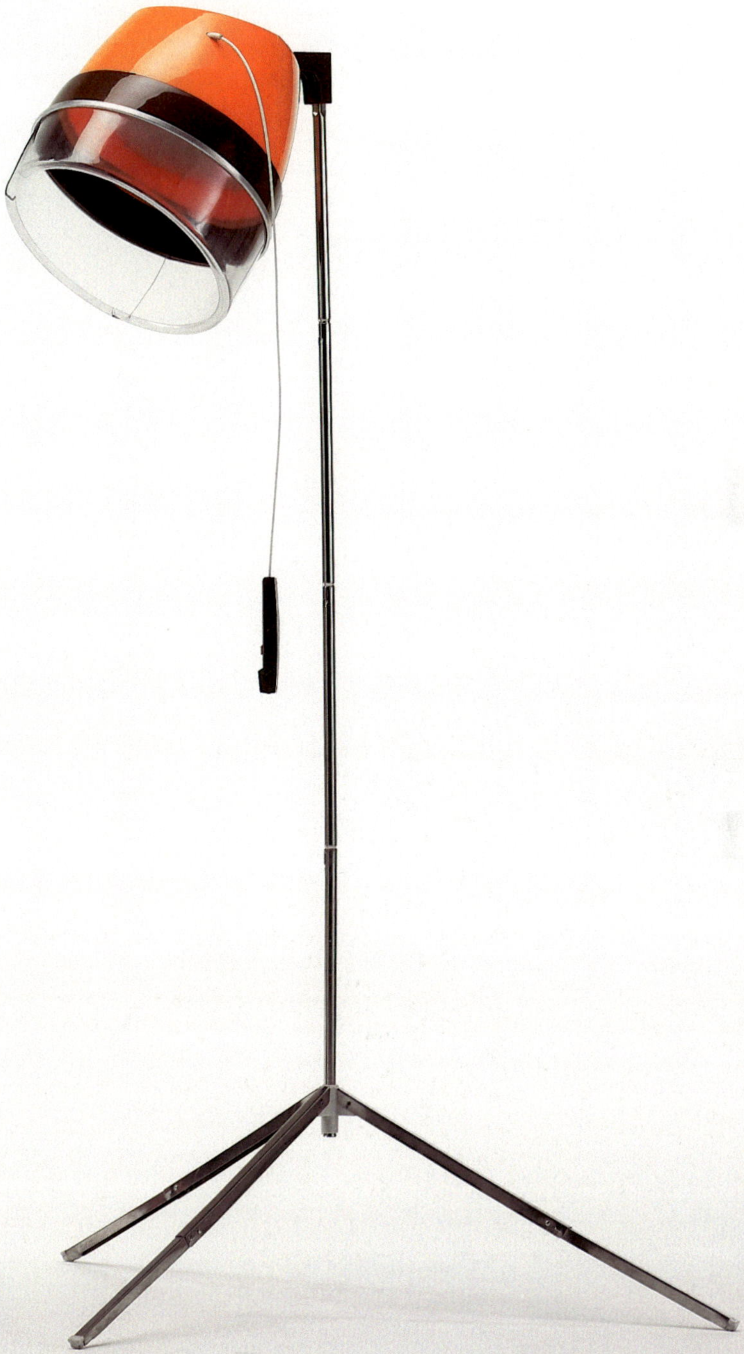

CARD FIXED
solitary furniture/Solitärmöbel
Designer Hannes Rohringer
wood high gloss varnished/Holz,
Hochglanz lackiert

above left/oben links

CARD MOBIL
solitary furniture/Solitärmöbel
Designer Hannes Rohringer
wood high gloss varnished, white aluminium
on metal/Holz, Hochglanz lackiert,
Weißaluminium auf Metall

below left/links unten

CARD ROADSTER
solitary furniture/Solitärmöbel
Designer Hannes Rohringer
wood high gloss varnished, white aluminium on
metal/Holz, Hochglanz lackiert, Weißaluminium
auf Metall

middle/Mitte

CARD MOBIL
solitary furniture/Solitärmöbel
Designer Hannes Rohringer
wood high gloss varnished, white aluminium
on metal/Holz, Hochglanz lackiert,
Weißaluminium auf Metall

CARD WAGON

solitary furniture / Solitärmöbel

Designer Hannes Rohringer

wood high gloss varnished, white aluminium on metal / Holz, Hochglanz lackiert, Weißaluminium auf Metall

BOX CORNERED
(detailed view/Detailansicht)
modular furniture/Modulares Möbel
Designer Hannes Rohringer
wood high gloss varnished, white aluminium on metal/Holz, Hochglanz lackiert, Weißaluminium auf Metall

BOX CORNERED
(variants/Varianten)
modular furniture/Modulares Möbel
Designer Hannes Rohringer
wood high gloss varnished, white aluminium on metal/Holz, Hochglanz lackiert, Weißaluminium auf Metall

MIX IT!
modular planning furniture / Modulares Planungsmöbel
Designer Hannes Rohringer
colour varnish matt, high gloss on wood, fittings stainless steel /
Farblack matt, hochglänzend auf Holz, Beschläge Edelstahl

MIX IT!
modular planning furniture / Modulares Planungsmöbel
Designer Hannes Rohringer
colour varnish matt, high gloss on wood, fittings stainless steel / Farblack matt, hochglänzend auf Holz, Beschläge Edelstahl

GIRAFFE

solitary furniture / Solitärmöbel

Designer Hannes Rohringer

exotic wood varnished, white aluminium on metal, integrated humidor / Edelholz lackiert, Weißaluminium auf Metall, integrierter Humidor

sunsquare®

A bit of roof

Summer. You love it, but you can happily forgo the blazing sun. An awning takes away part of the blue skies, but then again it's not blinding any more: you can look somebody right in the eyes again.
A handy shading: it increases comfort, at the table or the swimming-pool. A bit of roof: be it rain or sunshine. A roof creates space: you lie, sit or stand under it. You can use the sunsquares as you like – except in stormy weather: from a wind speed of 40 kilometres per hour upwards the square is wound around the central shaft by electromotive drive.

Ein bisschen Dach

Sommer. Sie lieben ihn, aber die pralle Sonne muss es halt dann doch nicht sein. Ein Sonnensegel nimmt zwar ein Stück Himmel weg, aber dafür blendet's halt nicht mehr: Man kann einander wieder in die Augen schauen.
Ein Schattenspender: erhöht das Wohlgefühl, bei Tisch oder am Swimmingpool. Ein bisschen Dach: bei Regen oder Sonne. Ein Dach macht Raum: Man legt, setzt oder stellt sich unter. Die Sonnenquadrate kann man nutzen, wie's beliebt – außer bei Sturm: Ab einer Windgeschwindigkeit von 40 Stundenkilometer wickelt der elektromotorische Antrieb das Segel automatisch um die zentrale Welle.

//014

SUNSQUARE/ HOSPITAL LIESING VIENNA/ SPITAL LIESING WIEN
automatic awning/ automatisches Sonnensegel
Designer Gerald Wurz
stainless steel, Sattler canvas, Somfy drive/ Edelstahl, Sattler Segel, Somfy Steuerung

SUNSQUARE/GARDEN TERRACE/GARTENTERRASSE
automatic awning/automatisches Sonnensegel
Designer Gerald Wurz
stainless steel, Sattler canvas, Somfy drive/
Edelstahl, Sattler Segel, Somfy Steuerung

SUNSQUARE/ROOF TERRACE/DACHTERRASSE
automatic awning/automatisches Sonnensegel
Designer Gerald Wurz
stainless steel, Sattler canvas, Somfy drive/
Edelstahl, Sattler Segel, Somfy Steuerung

SUNSQUARE/PALM HOUSE VIENNA/PALMENHAUS WIEN
automatic awning/automatisches Sonnensegel
Designer Gerald Wurz
stainless steel, Sattler canvas, Somfy drive/
Edelstahl, Sattler Segel, Somfy Steuerung

SUNSQUARE / ROOF TERRACE / DACHTERRASSE ALSERGRUND
automatic awning / automatisches Sonnensegel
Designer Gerald Wurz
stainless steel, Sattler canvas, Somfy drive /
Edelstahl, Sattler Segel, Somfy Steuerung

SUNSQUARE/KLOSTERNEUBURG
automatic awning/automatisches Sonnensegel
Designer Gerald Wurz
stainless steel, Sattler canvas closed and open, Somfy drive/
Edelstahl, Sattler Segel, zu und geöffnet, Somfy Steuerung

SUNSQUARE/"KUNST AM BAU" OTTAKRING, VIENNA/"KUNST AM BAU" OTTAKRING, WIEN
automatic awning/automatisches Sonnensegel
Designer Gerald Wurz
stainless steel, Sattler canvas, Somfy drive/
Edelstahl, Sattler Segel, Somfy Steuerung

SUNSQUARE/GÄNSEHÄUFL VIENNA/MUNICIPAL BATH/
GÄNSEHÄUFL WIEN/STÄDTISCHES BAD
automatic awning/automatisches Sonnensegel
Designer Gerald Wurz
stainless steel, Sattler canvas, Somfy drive/
Edelstahl, Sattler Segel, Somfy Steuerung

SUNSQUARE/TOSKANAPARK GMUNDEN AUSTRIA
automatic awning/automatisches Sonnensegel
Designer Gerald Wurz
stainless steel, Sattler canvas, Somfy drive/
Edelstahl, Sattler Segel, Somfy Steuerung

SUNSQUARE/STRANDBAD SEEWALCHEN
automatic awning/automatisches Sonnensegel
Designer Gerald Wurz
stainless steel, Sattler canvas, Somfy drive/
Edelstahl, Sattler Segel, Somfy Steuerung

team 7

natürlich wohnen

A walk on the light side

Time for a look outside. Style is omitting the dispensable in favour of the crucial, because only the essential makes logic and harmony possible: a table is a table is a table. "Be yourself and feel comfortable" that is the invitation of the tables, beds and chairs of Team 7, changeability is their offer. For the natural furniture does not confine, but allows the individual to chose how to use it. Harmony can assume many forms. That is the art of lightness.

Spaziergang auf der leichten Seite

Zeit für den Blick ins Freie. Stil ist das Weglassen des Unwesentlichen zugunsten des Ausschlaggebenden, denn erst das Wesentliche ermöglicht Logik und Harmonie: Ein Tisch ist ein Tisch ist ein Tisch. „Sei Du selbst und fühl Dich wohl" ist die Aufforderung der Tische, Betten und Stühle von Team 7, Verwandelbarkeit ist ihr Angebot. Denn die naturbelassenen Möbel engen nicht ein, sondern sie lassen dem Individuum die Wahl, wie sie zu verwenden sind. Harmonie kann viele Formen annehmen. Das ist die Kunst der Leichtigkeit.

//015

CUBUS
living programme/Wohnprogramm,
shelving/Regal
Designer Karl Auer
cherry tree, glass/Kirschbaum, Glas

BE
living programme/Wohnprogramm
Designer Karl Auer/Jan Armgardt
beech/Buche

LINEE
kitchen/Küche
Designer Karl Auer
cherry tree, stainless steel, glass/
Kirschbaumholz, Edelstahl, Glas

LOFT
table/Tisch
Designer Karl Auer
core beech/Kernbuche

CUBUS
dining table, chair / Esstisch, Stuhl
Designer Karl Auer
walnut / Nußbaum

MAGNUM
dining table / Esstisch
Designer Martin Ballendat
walnut, glass, stainless steel /
Nußbaum, Glas, Edelstahl

MAGNUM
dining table / Esstisch
Designer Martin Ballendat
wood, glass, stainless steel /
Holz, Glas, Edelstahl

MAGNUM
cantilever chair / Freischwinger
Designer Martin Ballendat
Strick-Tex, steel /
Strick-Tex, Stahl

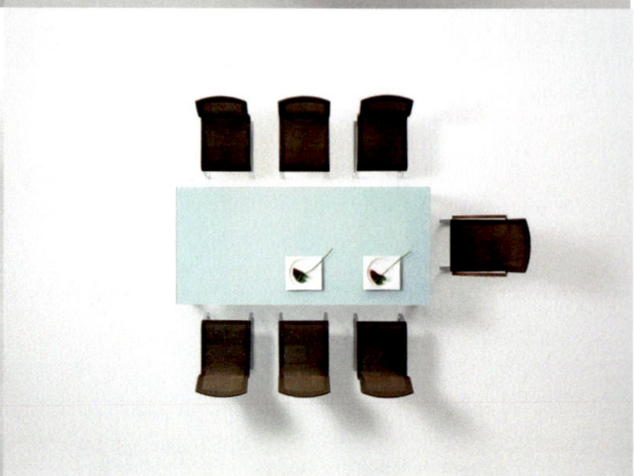

BE
credenza/Anrichte
Designer Karl Auer, Jan Armgardt
core beech, glass/Kernbuche, Glas

VALORE
bedroom/Schlafzimmer
Designer Karl Auer
walnut, glass/Nußbaum, Glas

VALORE
detail wood junction/Detail Holzverbindung
Designer Karl Auer
walnut/Nußbaum

TEAM 7
cabinett/Schrankraum
Designer Karl Auer
beech/Buche

thonet vienna

The Future is Orange

Time is the continuum of different experiences passing from present through the past and from expected future through the present. The star-product of Thonet, which is the Vienna Café chair No. 14, comes more from a world of multiverses: it is past, present and future. It can be considered as the first chair of the industrial age that went into mass production. Today it is a classic. Its future? That is colourful.

Imagine there were 100 orange No. 14s in cafes instead of 100 black ones, standing around a glass table like elegant, sensitive sculptures, with legs like an insect. People sitting and talking, hushed murmur of dining, noises of falling crockery. The soft light gives the room a very cosy atmosphere. As the colour highlights the form.

Die Zukunft ist Orange

Zeit ist das im Bewusstsein verschieden erlebte Vergehen von Gegenwart zu Vergangenheit und erwarteter Zukunft zu Gegenwart. Doch Thonets Star-Produkt, der Wiener Kaffeehausstuhl Nummer 14, kommt eher aus der Welt der Multiversen: Er ist Vergangenheit, ist Gegenwart und Zukunft. Er war das erste Serienmöbel des jungen Industriezeitalters. Heute ist er ein Klassiker und seine Zukunft? Die ist bunt.

Stellen Sich sich vor, es stehen nicht mehr 100 schwarze 14er, sondern 100 orange 14er in den Kaffeehäusern. Wie elegante, feinfühlige Skulpturen, an Glastischen mit Beinen wie Insekten. Gespräche der Sitzenden raunen samten, dazwischen klimpert das Geschirr. Ein weiches Licht. Ein großes, warmes Raumgefühl. Wie die Farbe der Form neue Kraft verleiht.

//016

MARY 10-3560
rocking chair/Schaukelstuhl
Designer Enzo Mari
painted alluminium frame, beech plywood shell/
Gestell Aluminium lackiert, Schale Buchensperrholz

MARY 10-3560
rocking chair/Schaukelstuhl
Designer Enzo Mari

MARY 10-3520
armchair/Armlehnstuhl
Designer Enzo Mari

MARY 10-3500
chair/Stuhl
Designer Enzo Mari

Gartenstuhl No 4
chair/Stuhl
Design Thonet Vienna
wood/Holz

MAGISTRETTI 03 03
chair/Stuhl
Designer Vico Magistretti
aluminium/Aluminium

ONLINE 10-3785
sideboard with drawers/ Sideboard mit Schubladen
Designer Carlo Colombo
steel rod metal structure, wood wool shelf/
Metallgestell aus Rundstahl, Platte in Holzfaser

ONLINE 10-3731
low table/ Niedriger Tisch
Designer Carlo Colombo
steel rod metal structure, wood wool shelf/
Metallgestell aus Rundstahl, Platte in Holzfaser

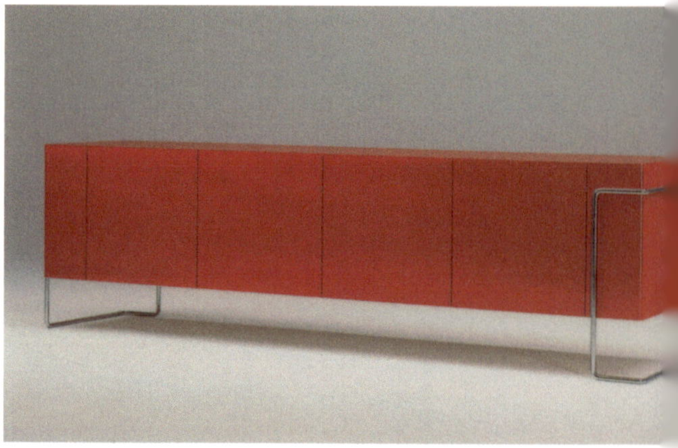

ONLINE 10-3774
sideboard with doors/ Sideboard mit Türen
Designer Carlo Colombo
steel rod metal structure, wood wool shelf/
Metallgestell aus Rundstahl, Platte in Holzfaser

ONLINE 10-3709
Bookcase/Regal
Designer Carlo Colombo
steel rod metal structure, wood wool shelf/
Metallgestell aus Rundstahl, Platte in Holzfaser

ZOOM 10-3902
2 seater sofa / Sofa 2 Sitzer
Designers Segzin Aksu / Silvia Suardi
beech, polyurethane and polyester wool, metal foot, textile / Buche, Polyurethanschaum und Polyesterwatte, Füße aus Rundstahl, Bezugsstoff

ZOOM 10-3904
footrest / Hocker
Designers Segzin Aksu / Silvia Suardi
beech, polyurethane and polyester wool, metal foot, textile / Buche, Polyurethanschaum und Polyesterwatte, füße aus Rundstahl, Bezugsstoff

ONLINE 10-3709
Bookcase/Regal
Designer Carlo Colombo
steel rod metal structure, wood wool shelf/
Metallgestell aus Rundstahl, Platte in Holzfaser

ZOOM 10-3902
2 seater sofa / Sofa 2 Sitzer
Designers Segzin Aksu / Silvia Suardi
beech, polyurethane and polyester wool, metal foot, textile /
Buche, Polyurethanschaum und Polyesterwatte, Füße aus
Rundstahl, Bezugsstoff

PASSAGE 10-3808
fabric armchair/ Stoffsessel
Designer Carlo Colombo
steel rod metal structure, wood wool shelf/
Metallgestell aus Rundstahl, Platte in Holzfaser

PASSAGE 10-3801
fabric 2 seater sofa/ Stoffsofa 2 Sitzer
Designer Carlo Colombo
beech, polyurethane and polyester wool, metal foot, textile/
Buche, Polyurethanschaum und Polyesterwatte, füße aus Rundstahl, Bezugsstoff

PASSAGE 10-3802
fabric 2 seater large sofa/ Stoffsofa 2 Sitzer large
Designer Carlo Colombo
beech, polyurethane and polyester wool, metal foot, textile/
Buche, Polyurethanschaum und Polyesterwatte, füße aus Rundstahl, Bezugsstoff

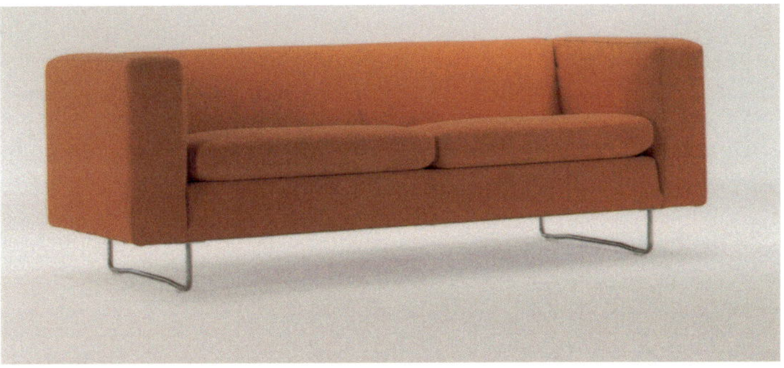

ONLINE 10-5300
chaise longe/Chaise Longe
Design Studio Cerri & Associati
drawn steel, leather/Gestell, Leder

UNIT 10-3751
Oval table / Tisch oval
Designer Carlo Colombo
steel rod metal structure, wood wool table top / Metallgestell aus Rundstahl, Tischplatte in Holzfaser

CZECH
chair / Stuhl
Designer Hermann Czech
beech plywood / Buchensperrholz

viteo>outdoors

Just outside

A bridging of inside and outside: terraces become comfortable, dining-rooms wander into the garden. The sun fingers carefully arranged wooden lathes, gleams with precisely lined shadow play. Open air furniture: the main thought lies at the door, the ceiling is infinite. Ideas at the pool, well hung, simple and straight as a ruler. Slim shapes and right angles – some curve, gather momentum, sway, carry.
Take a seat in a verdant ambience: your soul is rocked, your feet graze, the view fits perfectly.

Gerade außer Haus

Brückenschlag zwischen Drinnen und Draußen: Terrassen werden wohnlich, Esszimmer wandern in den Garten. Die Sonne fingert durch sorgsam geschlichtete Holzleisten, glänzt mit präzise liniertem Schattenspiel. Freiluft-Mobiliar: Der Grundgedanke liegt vor der Tür, Deckenhöhe unendlich. Ideen am Pool, gut abgehangen, schnörkellos und kerzengerade. Schlanke Formen und rechte Winkel – einige legen sich in die Kurve, nehmen Schwung, wiegen sich, tragen.
Platz nehmen im Grünen: die Seele wird geschaukelt, die Füße grasen, der Ausblick sitzt wie angegossen.

//017

LOUNGE CHAIR
chair/Stuhl
Designer Wolfgang Pichler
wood, stainless steel/Holz, Edelstahl

FRÜHSTÜCK
table and chairs / Tisch und Stühle
Designer Wolfgang Pichler
wood, stainless steel / Holz, Edelstahl

LOUNGE
table and chairs / Tisch und Stühle
Designer Wolfgang Pichler
wood, stainless steel / Holz, Edelstahl

MITTAG
table, bench and chairs / Tisch, Bank und Stühle
Designer Wolfgang Pichler
wood, stainless steel / Holz, Edelstahl

VITEO
VITEO

BBQ
barbecue/Grill
Designer Wolfgang Pichler
wood, stainless steel/Holz, Edelstahl

SUNNY SIDE
double sun lounger/Liege 125
Designer Wolfgang Pichler
wood, stainless steel/Holz, Edelstahl

FAMILY BUSINESS
island/Insel
Designer Wolfgang Pichler
wood, stainless steel/Holz, Edelstahl

HAUSBANK
bench with adjustable backrest/
Bank mit Stecklehnen
Designer Wolfgang Pichler
wood, stainless steel/Holz, Edelstahl

TRADITION
bench with backrest / Bank mit Lehne
Designer Wolfgang Pichler
wood, stainless steel / Holz, Edelstahl

SONNENUNTERGANG
swing/Schaukel
Designer Wolfgang Pichler
wood, stainless steel/Holz, Edelstahl

next side/nächste Seite

POOL ZONE
hanging sun lounger/Hängeliege
Designer Wolfgang Pichler
wood, stainless steel/Holz, Edelstahl

MOOD
light cube/Lichtwürfel
Designer Wolfgang Pichler
perspex, stainless steel/Acrylglas, Edelstahl

wiesner hager

the architecture of successful business

Emotional furniture

On one occasion a seating furniture, on another a desk – as single piece, in twos or in a team. If working hours, employees and their employers are becoming increasingly flexible, they shouldn't do so in rigid posture: "Compod" – the new vision of an office, invites you to take different positions. And so breaks with old hierarchical structures: who sit settled back, facing one another, are equal. And more: who works with the "Compod" experiences a new sense of space. Wiesner-Hager's speciality is to re-organise rooms. The furniture designers do not submit to the taste of the masses. In fact, they provide taste, because they sense society's needs and offer alternatives, which are instantly practical and good to use: emotional furniture.

Emotionale Möbel

Mal Sitzmöbel, mal Schreibtisch – allein, zu zweit oder im Team. Wenn schon die Arbeitszeiten, Arbeitnehmer und deren Chefs immer „flexibler" werden, dann nicht in starrer Körperhaltung: Die neue Bürovision „Compod" lädt zu verschiedenen Positionen ein. Und bricht dadurch mit alten, hierarchischen Strukturen: Wer sich zurückgelehnt gegenübersitzt, ist gleich. Und mehr: Wer mit „Compod" arbeitet, erlebt ein neues Raumgefühl beim Arbeiten. Die Räume neu zu organisieren, ist Wiesner-Hagers Spezialität. Dabei fügen die Möbeldesigner sich nicht dem Massengeschmack. Vielmehr geben sie Geschmäcker vor, weil sie die Bedürfnisse der Gesellschaft erfühlen und Alternativen bieten, die sofort praktisch und gut benutzbar sind: Es sind emotionale Möbel.

//018

COMPOD.OFFICE
office furniture range: 4 designs/
Büromöbel-Ensemble: 4-teilig
COMPOD.CREATE, COMPOD.MEET,
COMPOD.PLAY, COMPOD.MOVE

Designer Philipp Haselwander
Tutor Martin Ballendat/FH Graz
upholstery, steel tube/
Polsterbezug, Stahlrohr verchromt

COMPOD.PLAY
work and relax furniture/Möbel zum Arbeiten
und Relaxen

COMPOD.MOVE
computer tripod / Computerstativ

COMPOD.MEET
get-together furniture / Möbel zum Zusammentreffen

willl

architecture and product design

Time on hand

First, imagine alphabet soup. Spooned listlessly by a small child at a small and yet for this room slightly too big a table. Place-mats, fabric flowers, from above a pale light. The tiles in the background sport orange and tapioca colours. A bedraggled gumtree, the refrigerator quietly humming away. Casement curtains and a cuckoo clock, which ticks away time: time is running to stand still.
Free yourself. Enter the room with clear lines – straight or oblique. Comfortable furniture, large table und white walls, the floral decoration is just simply grass. Plenty of light und plenty of space to move, for light moves architecture. The marriage between design and architecture, it is about everything. About rooms that move each other.

Die Zeit in Händen halten

Denken Sie zunächst an Buchstabensuppe. Lustlos gelöffelt von einem kleinen Kind an einem kleinen, aber für den Raum doch um ein Eck zu großen Küchentisch. Tischset, Stoffblumen, von oben fällt ein schales Licht. Im Hintergrund die Fliesen in Orange und Senf. Zerzauster Gummibaum, Kühlschrankgeräusch. Scheibenvorhänge, im Herrgottswinkel eine Kuckucksuhr, die zwischen den vollen Stunden tickt: Die Zeit vergeht, doch steht sie still.
Befreien Sie sich. Betreten Sie den Raum mit klaren Linien – Geraden oder Schrägen. Bequeme Möbel, großer Tisch, und weiße Wände, als Blumenschmuck nur Gras. Im Raum viel Licht und viel Platz für Bewegung, denn Licht bewegt Architektur. Die Ehe von Design und Architektur, es geht ums Ganze. Um Räume, die sich mit sich verstehen.

//019

WILL OFFICE / SOFT WALL
interior office design / Interior Büro Design
Designer Johannes Will
mdf, fabric, stainless steel / MDF, Stoff, Nirosta

UP AND DOWN
light/Licht
Designer Johannes Will
mdf, plexiglass, steel/MDF, Plexiglas, Stahl

ZIG ZAG
shelf/Regal
Designer Johannes Will
glass, mdf, white matt varnished, steel/Glas, MDF
weiss matt lackiert, Stahl

CITY LOUNGE
bedroom / Schlafzimmer
Designer Johannes Will
oak furnished matt, wall clad with cotton, nut oiled flooring /
Eiche matt lackiert, Wand mit Baumwollstoff bespannt, Boden Nuss geölt

WILL OFFICE
reception desk/Pult
Designer Johannes Will
steel, leather, wood/Stahl, Leder, Holz

CITY LOUNGE
architecture, interior design/Architektur, Innenarchitektur
Designer Johannes Will
black phenolic resin, corian white, Solnhofer stone, glass, oak varnished matt/
Phenolharz schwarz, Corian weiss, Solnhofer Stein, Glas, Eiche matt lackiert

WILLL TABLES
table/Tisch
Designer Johann Will
black pepper and nut tree, veneered finish, slab with aluminium core/
Furnierummantelt in Black Pepper und Nussbaum, Platte mit Aluminiumkern

201
stool/Hocker
Designer Johann Will
stainless steel, leather, oak veneered/ Nirosta, Leder, Eiche furniert

C01
bar stool/Barhocker
Designer Johann Will
stainless steel, leather/Nirosta, Leder

PADRE
chair/Stuhl
Designer Johann Will
fir, teak/Fichte, Teak

WILLL CIGADOR.
humidor/Humidor
Designer Johannes Will
spanish cedar wood, leather, aluminium, stainless steel/
Spanisches Zedernholz, Leder, Aluminium, Nirosta

wittmann

ein echter wittmann

Stitch by stitch

You come home after a day full of responsibilities. Close the door. Take off your shoes, wash your hands, a glass of wine. Music, a book. Loose up the tension in your back. Drift away horizontally on a leather couch. Have a moment's peace.
Lose track of time within your own four walls. In handmade upholstered furniture, stitch by stitch. Joiner, locksmith, upholsterer and sewer participate in the creation of a Wittmann. Each piece of furniture thought out in minute detail. Precise craftsmanship. Quality creates the framework which constitutes yourself.

Stich für Stich

Nach Hause kommen nach einem Tag voller Verantwortung. Die Tür zu machen. Die Schuhe ausziehen, die Hände waschen, ein Glas Wein. Musik, ein Buch. Den Rücken entspannen. Auf einer Lederliege in die Waagrechte entschweben. Die Seele baumeln lassen.
Die Zeit vergessen in den eigenen vier Wänden. In handgemachten Polstermöbeln, Stich für Stich. Tischler, Schlosser, Polsterer und Näher sind an der Entstehung eines Wittmann beteiligt. Jedes Möbel bis ins kleinste Detail durchdacht. Präzise verarbeitet. Qualität schafft das Umfeld, das einen selbst ausmacht.

//020

DAVOS
couch/Liege
Designer Andreas Struppler
wood, metal, leather/Holz, Metall, Leder

SYDNEY
swivel chair/Drehstuhl
Designer Andreas Struppler
wood, metal, leather/Holz, Metall, Leder

CHILL OUT
couch/Liege
Designer Manfred Wakolbinger
wood, metal, leather/Holz, Metall, Leder

CHILL OUT
sofa/Sofa
Designer Manfred Wakolbinger
wood, metal, leather/Holz, Metall, Leder

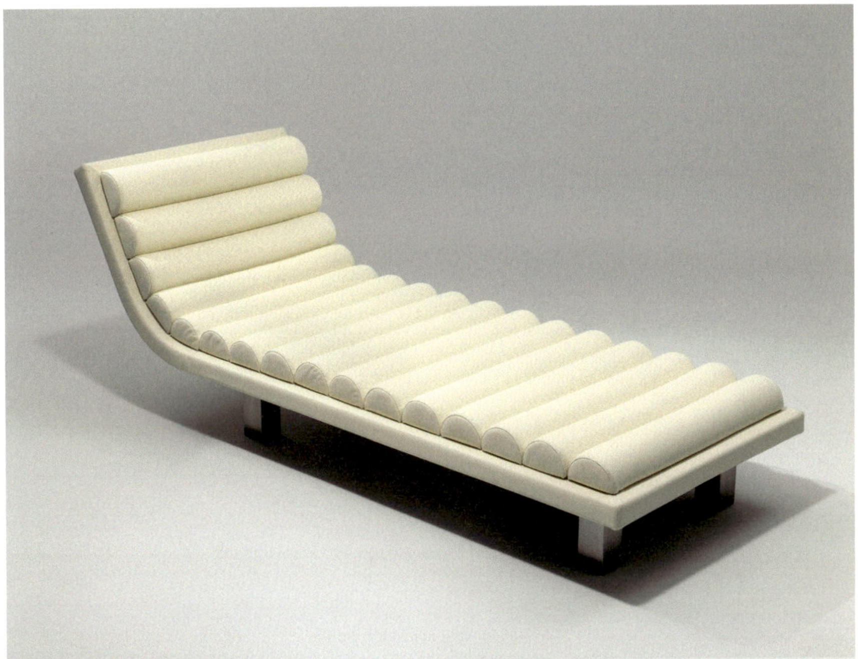

CORREALISTIC
FURNITURE & ROCKER/
CORREALISTISCHES MÖBEL
& ROCKER
chairs/Sitzmöbel
Designer Friedrich Kiesler
wood, lino/Holz, Linol

TAVOLO & PANCA
table, bench/Tisch, Bank
Designer Paolo Piva
wood, stainless steel, leather/Holz, Edelstahl, Leder

MADISON SQUARE
tables/Tische
Designer Paolo Piva
wood, metal/Holz, Metall

MOKKA
armchair/Fauteuil
Designer Paolo Piva
metal, wood, fabric, leather/
Metall, Holz, Stoff, Leder

MOKKA
table, armchair/Tisch, Fauteuil
Designer Paolo Piva
metal, wood, fabric , leather/
Metall, Holz, Stoff, Leder

RIO
sofa/Sofa
Designer Jan Armgardt
wood, fabric, leather/Holz, Stoff, Leder

MOKKA
armchair/Fauteuil
Designer Paolo Piva
wood, metal, leather/Holz, Metall, Leder

LOFT
sofa with Mokka armchair/ Sofa
mit Mokka Fauteuils
Designer Paola Piva
wood, metal, fabric/ Holz, Metall, Stoff

KUBUS
armchair/ Fauteuil
Designer Josef Hoffmann
wood, leather/ Holz, Leder

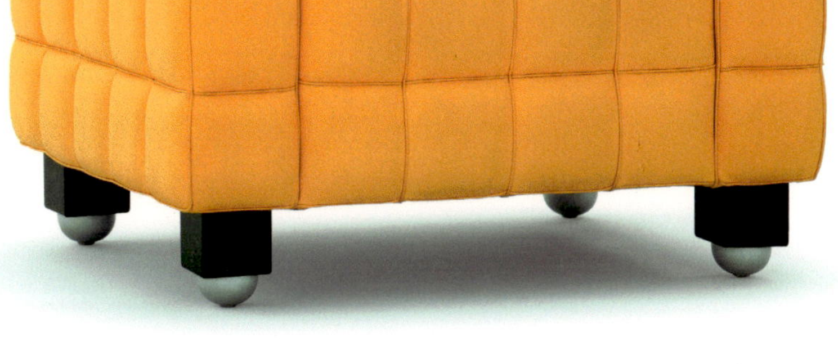

SMARA
bed/Bett
Designer Paolo Piva
wood, metal, leather/Holz, Metall, Leder

zumtobel staff

Light shapes

Bright heads with professional radiance. Precise, mobile and reflected. Night and day they are actively engaged with everything that is under their responsibility. For the most part they are above things to illuminate each possibility thoroughly. On the same wavelength as their team, they vary their point of view, provide an overview or focus on details. And whatever object graces the room, with their use it finally appears in its best light.

Lichtgestalten

Helle Köpfe mit professioneller Ausstrahlung. Präzise, beweglich und reflektiert. Tag und Nacht sind sie aufmerksam mit all dem beschäftigt, was unter ihre Zuständigkeit fällt. Dabei schweben sie meist über den Dingen, um jede Möglichkeit gründlich beleuchten zu können. Mit ihrem Team auf einer Wellenlänge, variieren sie den Blickwinkel, schaffen Übersicht oder richten den Fokus auf Details. Und welcher Gegenstand auch immer im Raum steht, durch ihren Einsatz erscheint er schließlich im richtigen Licht.

//021

SOLAR II
lighting/Beleuchtung
Design Massimo Iosa Ghini
aluminium, the heat produced inside is directly channelled to the outside through ventilation openings/ Aluminium, Konvektionsöffnungen leiten die im Innern entstehende Wärme direkt nach außen ab.

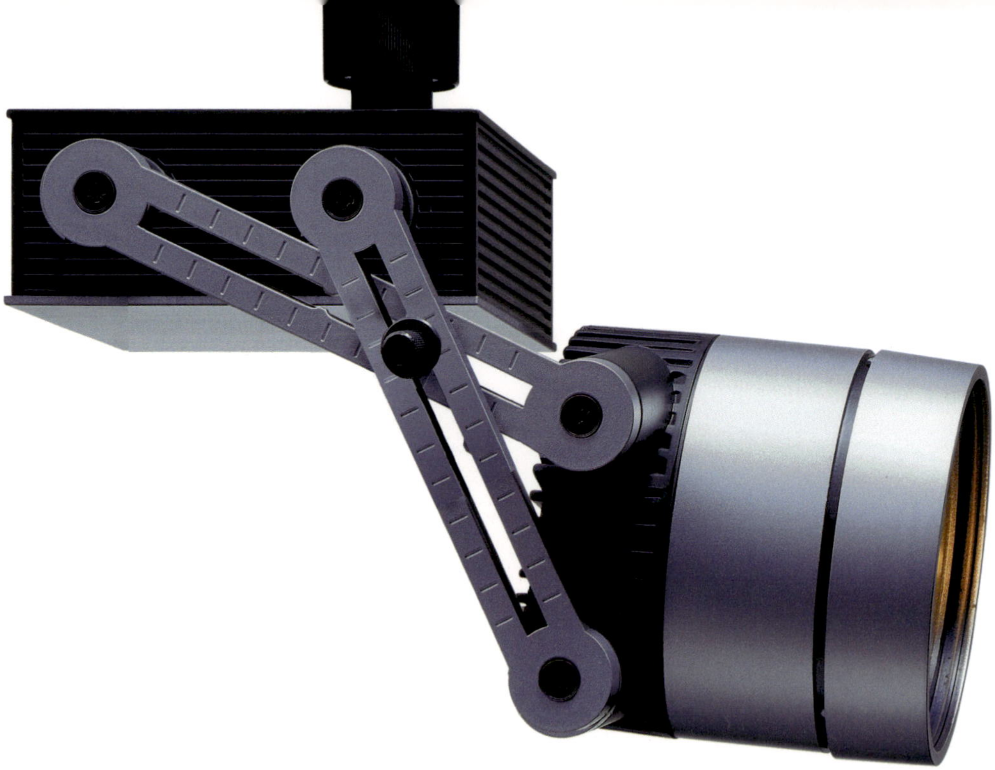

XENO
spotlight / Strahler
Design Jean-Michel Wilmotte
aluminium, X-shaped fixing point / Aluminium,
X-förmiges Fixierelement

LATRAVE
lighting/Beleuchtung
Design Matteo Thun
aluminium/Aluminium

SPHEROS
lighting/Beleuchtung
Design Hartmut S. Engel
aluminium/Aluminium

ID-VM
lighting/Beleuchtung
Design Hans von Malotki
aluminium/Aluminium

LIGHT FIELDS
lighting/Beleuchtung
Design Sottsass Associati
direct light distribution as a surface-mounted or recessed luminaire, pendant luminaire with direct-indirect lighting, micro-prism optic/ Direkt strahlende An- oder Einbauleuchte, Pendelleuchte mit direkt-indirekter Lichtführung, Mikropyramidenstruktur-Optik.

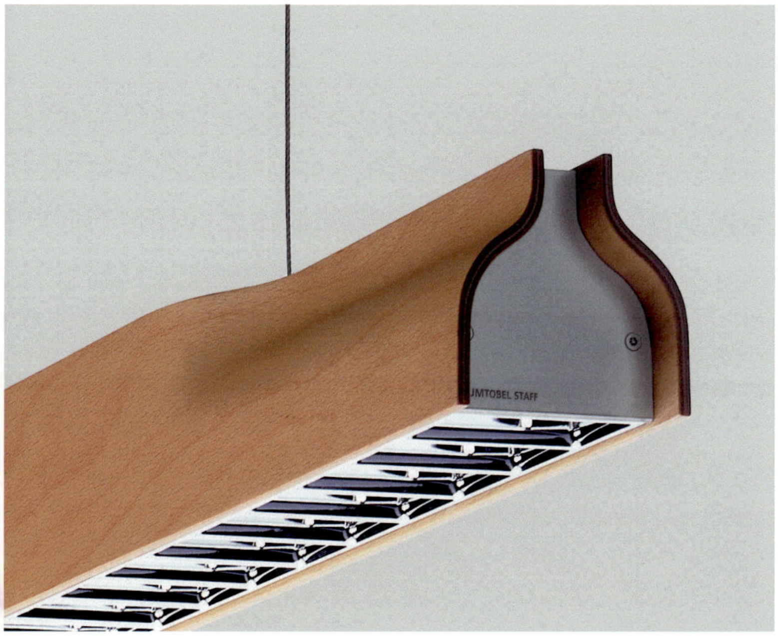

EVIO
pendant luminaire / Pendelleuchte
Design Rupert Kopp von Greige
grained beechwood or nut tree, Eternit, aluminium naturally anodised / gemasertes Buchenholz oder Nussholz, Eternit, natureloxiertes Aluminium

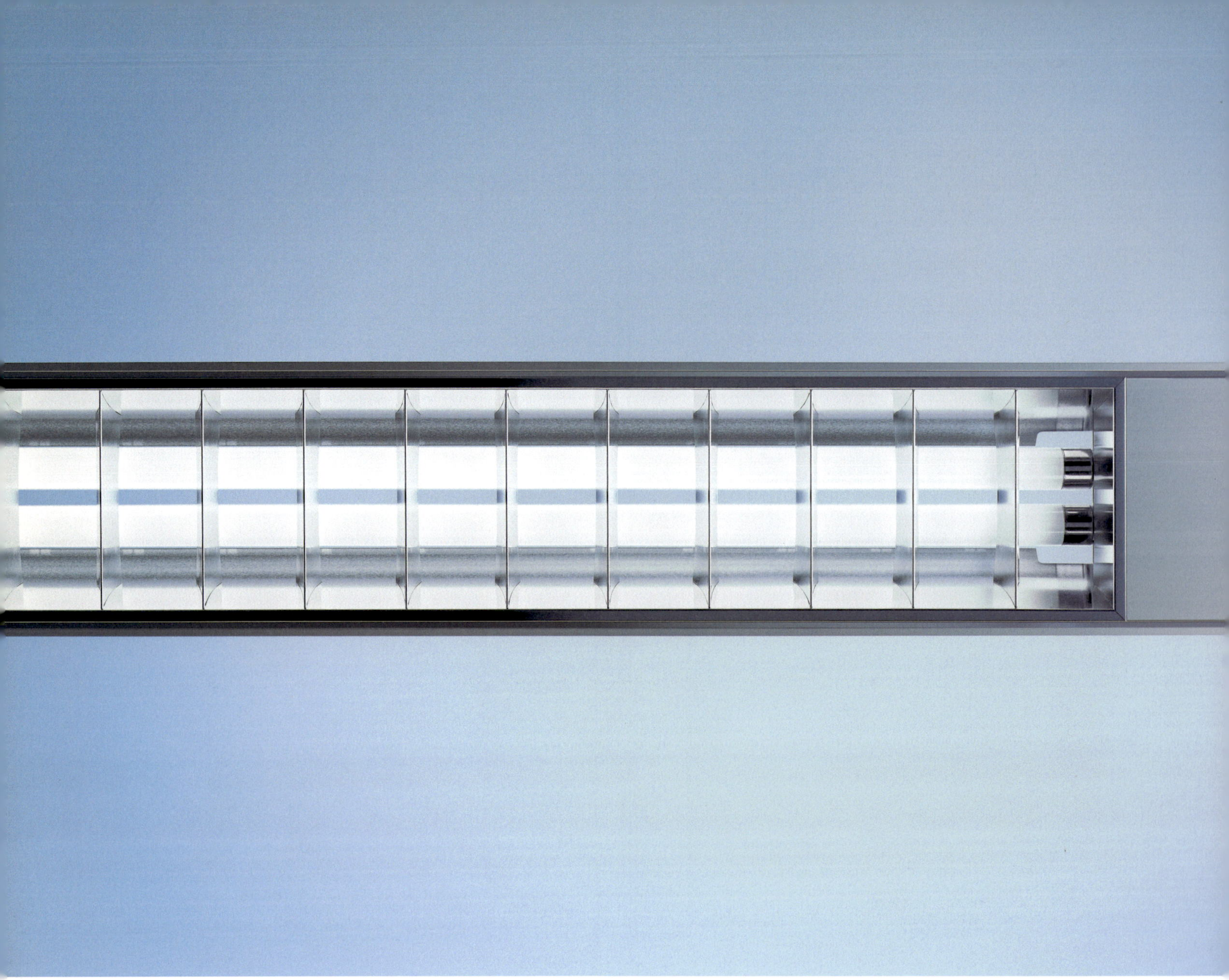

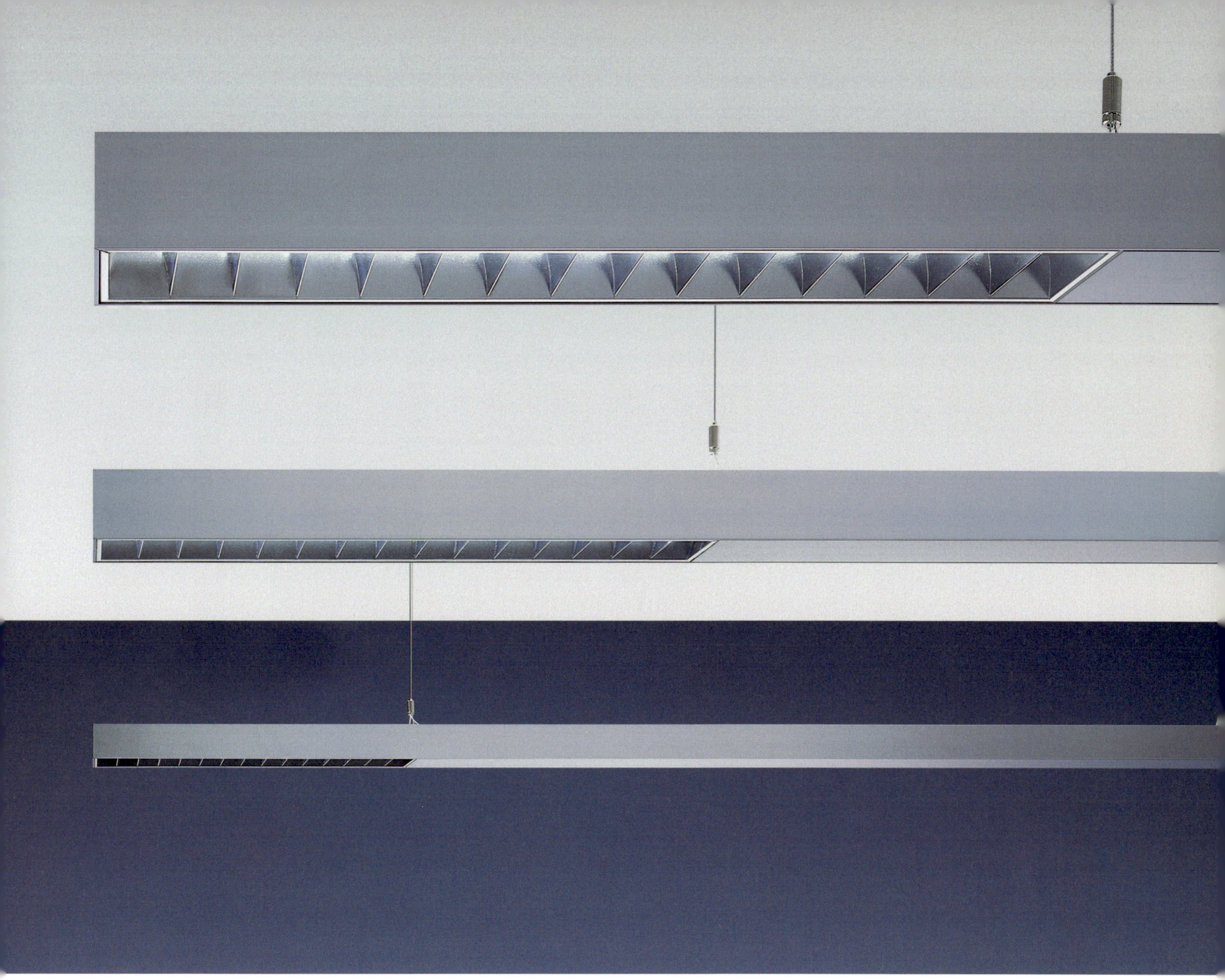

FREELINE
lighting/Beleuchtung
Design Ingenhoven and Partner Architects
direct-indirect lighting with convenient grid provides absolutely glare-free lighting/
direkt-indirekt strahlende Komfortraster vermeiden Reflexblendung

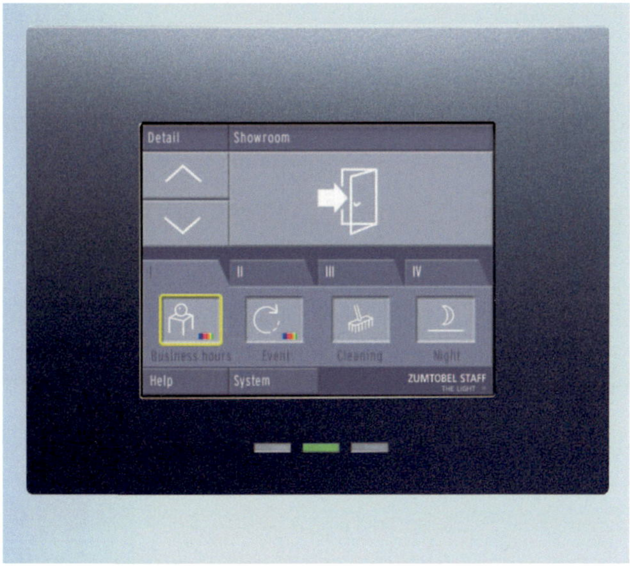

LUXMATE EMOTION

lighting control system/System zur Lichtsteuerung

Design Matteo Thun

flexible lighting management solutions, touch panel, simultaneous control of up to 2 x 64 DALI-dimmable luminaires and spotlights, colour sequences and effects can be modified intuitively/Flexible Lichtmanagement-Lösungen, Touchpanel, Steuerungsmöglichkeit für bis zu 2x64 DALI-dimmbare Leuchten und Strahler, durch intuitive Berührung Veränderung von vorprogrammierten Farbverläufen und Effekten

gerhard abel

pla.net

Gerhard Abel
Hietzinger Hauptstrasse 144/10
A-1130 Wien
Tel. +43 1 990 42 89
Fax +43 1 990 39 67
abel@architects-pla.net
www.architects-pla.net

YOUR INSPIRATION//A wide range of interest combined with curiosity (as my little son demonstrates).
YOUR SLOGAN//Remain curious!
WHAT DO YOU THINK OF AUSTRIA//I think mainly in Austria.
YOUR OPINION ON AUSTRIAN PRODUCTION//Many small but excellent companies.
YOUR OPINION ON THE RELATIONS BETWEEN COMPANIES AND YOUNG TALENTS//Relationships grow with mutual trust. Companies should have a look around their own country before they employ foreign designers.
5 INDISPENSABLE BRANDS FROM AUSTRIA//Mozart, MAM, Manner, KTM, Silhouette

DEINE INSPIRATION//Breitgefächerte Interessen gepaart mit Neugierde (zeigt mir mein kleiner Sohn).
DEIN SLOGAN//Remain curious!
WAS DENKST DU ÜBER ÖSTERREICH// Ich denke vor allem in Österreich.
WAS IST DEINE MEINUNG ÜBER DIE ÖSTERREICHISCHE PRODUKTION // Viele kleine aber sehr feine Firmen.
WAS IST DEINE MEINUNG ÜBER DIE BEZIEHUNG ZWISCHEN FIRMEN UND JUNGEN TALENTEN IN ÖSTERREICH// Beziehungen wachsen mit gegenseitigem Vertrauen. Firmen sollten sich mehr im eigenen Land umsehen, bevor sie ausländische Designer beschäftigen.
5 UNENTBEHRLICHE MARKEN AUS ÖSTERREICH// Mozart, MAM, Manner, KTM, Silhouette

INTERACTIVE COFFEE TABLE
interactive furniture/Interaktives Möbel
concept/Konzept Gerhard Abel, Martin Kufner
produced by /produziert von Kufner Futures GmbH
glass, steel, mdf/Glas, Stahl, MDF

ONE SMART DISPLAY
interactive presentation system/
Interaktives Präsentationssystem
concept/Konzept Gerhard Abel, Martin Kufner
produced by/Produziert von Kufner Futures GmbH
steel, glass/Stahl, Glas
(screen image by goldengnu)

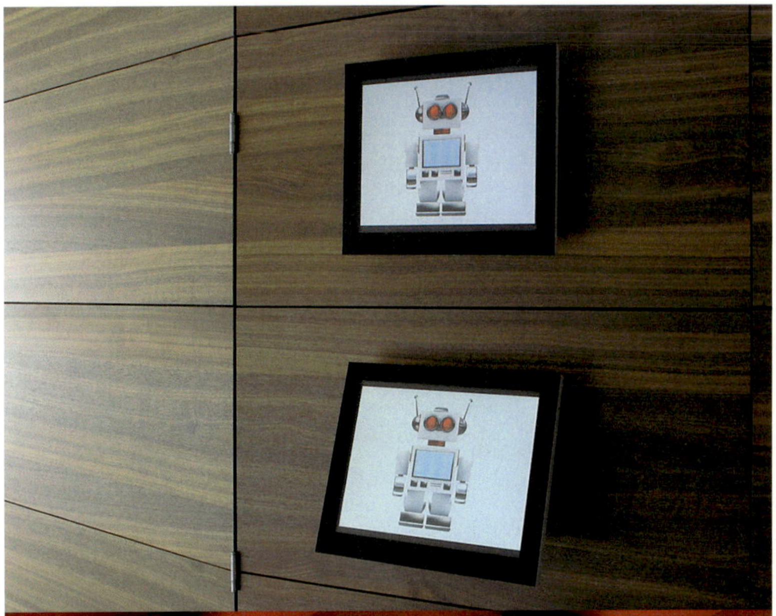

SYD
doorhandle/Türdrücker
Designer Gerhard Abel
brass chromed/Messing verchromt

HOOK "MODEL G"
hook/Wandhaken
produced by/Produziert von Handles
aluminium cast/Aluminiumguss

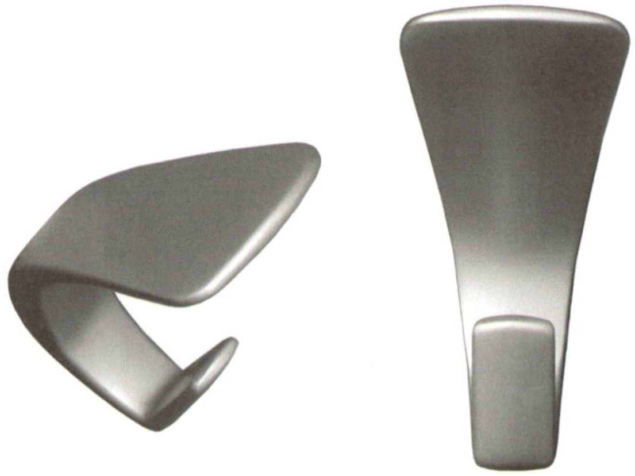

WEICHES LICHT
light/Licht
Designer Gerhard Abel
silicon, led/Silikon, LED

aws
design

Adam Wehsely-Swiczinsky
Hollandstraße 9/7
A-1020 Wien
Tel. +43 699 19 42 58 31
Fax. +43 1 94 25 831
office@awsdesign.cc
www.awsdesign.cc

MADA
guitar/Gitarre
concept for Zellform/Konzept für **Zellform**
hemp, mahogany, wenge wood/Hanf (Zellform), Mahagoni, Wenge

YOUR WORK IDEOLOGY//Communication means development. The confrontation of diverse positions creates something new!
YOUR SLOGAN//Improve the working and living situation, that is, the environment of and for people.
HOW DO YOU SURVIVE//HOW DO YOU MAKE A LIVING//Eat, drink, love, sleep. Industrial design.
DO YOU THINK THAT AUSTRIA IS KNOWN FOR ITS DESIGN ABROAD//WHEREBY IS AUSTRIAN DESIGN KNOWN//We don't have here what is commonly known as designer stars. So the design landscape in Austria is definitely more 'democratic' than elsewhere.
5 INDISPENSABLE BRANDS FROM AUSTRIA//Head/Tyrolia, KTM, Lomographic Society, Bene, Fischer.

DEINE ARBEITSIDEOLOGIE//**Kommunikation bedeutet Entwicklung.** Wenn verschiedenste **Meinungen** aufeinander prallen, passiert etwas – etwas Neues!
DEIN SLOGAN//Arbeits- und Lebenssituation, also das Umfeld von und für **Menschen** verbessern.
WIE ÜBERLEBST DU//WOVON LEBST DU//Essen, Trinken, Liebe, Schlafen. Industrial Design.
GLAUBST DU, DASS ÖSTERREICH FÜR SEIN DESIGN IM AUSLAND BEKANNT IST//WODURCH IST ÖSTERREICHISCHES DESIGN BEKANNT//Wir haben hier nicht das, was man landläufig als Designstars bezeichnet. Das macht die Designlandschaft in Österreich sicherlich „demokratischer" als anderswo.
5 UNENTBEHRLICHE MARKEN AUS ÖSTERREICH // Head/Tyrolia, KTM, Lomographic Society, Bene, Fischer.

AUDIO FURNITURE
Lap:NaR
on STACK SYSTEM
Page/Seite 386/387

AMÖBEL
music furniture/Musikmöbel
produced by/Produziert von AWS
wood, varnished/Holz, lackiert

STACK SYSTEM
furniture system/Möbel-System
produced by/Produziert von Adam Wehsely-Swiczinsky
aluminium sandwich/Aluminium Sandwich

COLORSPLASH FLASH
flash/Aufsteckblitz
produced by/Produziert von Lomographische Gesellschaft
plastic/Kunststoff

JAM
Interior design/Innenraumgestaltung
produced by/Produziert von Wiener Jugendzentren
steel, rubin wood, mdf/Stahl, Rubinienholz, MDF

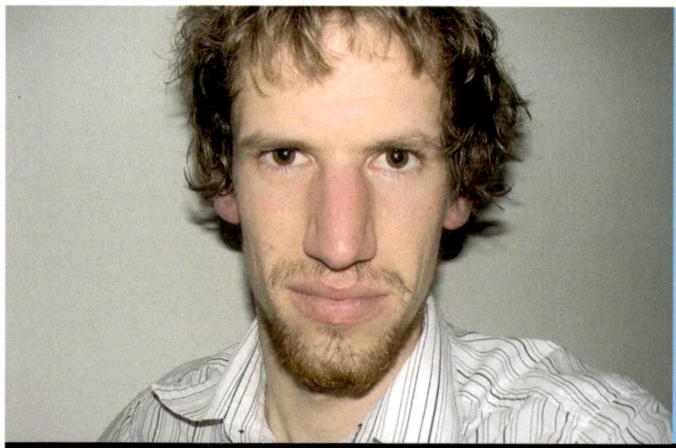

georg bechter
design

Georg Bechter
Obere Donaustraße 43/2/32
A-1020 Wien
Mob. +43 650 860 30 96
heimatstunden@gmx.at
www.haengematten.at

KLAPPBARE LATEXBADEWANNE
latex bath/Latexbadewanne
produced by/Produziert von Mohr, Andelsbuch
nuttree oiled, stainless steel, latex/Nußbaum geölt, Edelstahl, Latex

DEFINE THE IDEAS AND CONCEPTS OF YOUR WORK//Movement, perception, experiment.
YOUR WORK IDEOLOGY//To follow your thoughts.
YOUR INSPIRATION//Life and people.
YOUR SLOGAN//Just do it!! – Try it!!
HOW DO YOU SURVIVE//HOW DO YOU MAKE A LIVING//Air and love and all the little extras.
IN HOW FAR DOES AUSTRIA ALLOW YOUNG TALENTS SCOPE//HOW MUCH SUPPORT DOES IT OFFER FOR YOUNG TALENTS//You have to do a lot yourself, but people are very open to anything.

IDEEN UND KONZEPTE, DIE DEINE ARBEIT DEFINIEREN//Bewegung, Wahrnehmung, Experiment.
DEINE ARBEITSIDEOLOGIE//Seine Gedanken verfolgen.
DEINE INSPIRATION//Das Leben, die Leute.
DEIN SLOGAN//Mach´s einfach!!! – Probier´s aus!!
WIE ÜBERLEBST DU//WOVON LEBST DU//Luft und Liebe und sonstige Kleinigkeiten.
INWIEFERN LÄSST ÖSTERREICH DEN JUNGEN TALENTEN SPIELRAUM UND UNTERSTÜTZT DIE ENTWICKLUNG JUNGER TALENTE//Man muß selber „anpacken“, aber die Leute sind offen.

WOOROCK
hammock/Hängematte
produced by/Produziert von Köss, egg
timber glued in layers, oiled/Massivholz
schichtverleimt, geölt

GTI-DER SCHNELLE FLITZER
rocking stool/Schaukelhocker
designed with, produced by/Design mit Johannes
Pellkofer, Stuttgart, Produziert von Köss, Egg
birch plywood, rubber/Birkensperrholz, Gummi

bereuter
design

Martin Bereuter
Haidach 283
A-6951 lingenau
T+43 5513 6487, dw-4
buero@tischlereibereuter.at
www.tischlereibereuter.at

YOUR WORK IDEOLOGY//To take time.
YOUR INVENTION//I do not see myself as an inventor but as a developer: sofabed, children's bed.
YOUR INSPIRATION//The material (mainly wood), the daily little things.
YOUR SLOGAN//Time is important.
HOW DO YOU SURVIVE//HOW DO YOU MAKE A LIVING//My work (my carpentry).
YOUR OPINION ON THE CURRENT STATE OF AUSTRIAN CREATION//It is a land of plenty. To evaluate mental work is not an everyday thing and is therefore a bit difficult.
YOUR OPINION ON AUSTRIAN PRODUCTION//It ranges between very technical and not very risk loving.
THE MOST NEGATIVE THING ABOUT AUSTRIA//Badly designed pre-fabricated houses.

DEINE ARBEITSIDEOLOGIE//Sich Zeit nehmen.
DEINE ERFINDUNG//Verstehe mich nicht als Erfinder sondern als Entwickler: Auszugsbett, Kinderbett.
DEINE INSPIRATION//Das Material (hauptsächlich Holz), die alltäglichen Kleinigkeiten.
DEIN SLOGAN//Zeit ist wichtig.
WIE ÜBERLEBST DU//WOVON LEBST DU//Von meiner Arbeit (Tischlerei).
WIE SIEHST DU DEN MOMENTANEN STAND ÖSTERREICHISCHER KREATIONEN//Es ist ein Land von Vielen. Geistige Arbeit zu bewerten, ist nicht alltäglich und somit etwas schwierig.
WAS IST DEINE MEINUNG ÜBER DIE ÖSTERREICHISCHE PRODUKTION//Schwankt zwischen stark handwerklich und nicht besonders risikofreudig.
DAS NEGATIVSTE AN ÖSTERREICH//Schlecht gestaltete Fertigteilhäuser.

HALBEWAHRHEITGANZEWAHRHEIT
bed/Bett
produced by/Produziert von Tischlerei Bereuter
Lingenau
timber/Massiv Holz

HOLZ
wooden cubes/Holzkuben
produced by/Produziert von Tischlerei Bereuter
Lingenau
timber/Massiv Holz

JODOK+KLARA
children's bed/Kinderbett
produced by/Produziert von Tischlerei Bereuter
Lingenau
fir, timber, lino/Tanne, Massiv Holz, Linoleum

Katharina Maria Bruckner
Herbert Klamminger
Stefan Moritsch
Diefenbachgasse 42/1/6
A-1150 Wien
Tel. +43 1 895 25 58
info@bkm-format.com
www.bkm-format.com

bkm
design-arbeitsgemeinschaft

FALB
chair/Stuhl
produced by/Produziert von bkm
wood/Holz

AUDIO FURNITURE
Parov Stelar
on FALB
Page/Seite 408/409

DEFINE THE IDEAS AND CONCEPTS OF YOUR WORK//Free of ideologies.
YOUR EDUCATION//We collected a lot of experience in product design, shop, experimental and exhibition design and worked in Vienna and Milan.
FURTHER PROJECTS//b,k,m
YOUR SLOGAN//We find slogans difficult.
HOW DO YOU SURVIVE// HOW DO YOU MAKE A LIVING//Not from design.
YOUR OPINION ON AUSTRIAN PRODUCTION//Rather conservative, too small to be able to afford experiments.
THE BEST THING ABOUT AUSTRIA//Melancholy.

EURE ARBEITSIDEOLOGIE //Ideologiefrei.
EURE AUSBILDUNG//Wir sammelten Erfahrungen in Produktdesign, Shop-, Experimental- und Ausstellungsdesign, studierten und arbeiteten in Wien und Mailand.
WEITERE PROJEKTE//b,k,m
EUER SLOGAN//Mit Slogans tun wir uns schwer.
WIE ÜBERLEBT IHR//WOVON LEBT IHR//Nicht von Design.
WAS IST EURE MEINUNG ÜBER DIE ÖSTERREICHISCHE PRODUKTION//Eher konservativ, zu klein, um sich Experimente leisten zu können.
DAS BESTE AN ÖSTERREICH//Melancholie.

ONE SQUARED
chair/Stuhl
produced by/Produziert von bkm
wood/Holz

BUCHHALTER 3
shelf/Regal
produced by/Produziert von bkm
aluminium/Aluminium

FALB (detail)
chair/Stuhl
produced by/Produziert von bkm
wood/Holz

delfine architekten

Karin Hepp
Andreas Thomczyk
Gumpendorferstraße 94/1/12
A-1060 Wien
Tel. +431 208 62 62
Fax. +43 1 208 62 62
office@delfine.info
www.delfine.info

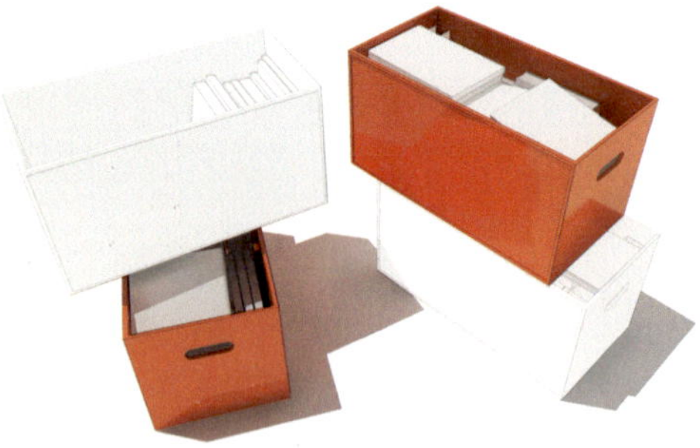

DEFINE THE IDEAS AND CONCEPTS OF YOUR WORK//We develop our ideas and concepts from our observations and communication.
YOUR SLOGAN//"... don't be angry, just surprised."
YOUR OPINION ON THE CURRENT STATE OF AUSTRIAN CREATION//There is a high potential of young creatives that think outside of the box.
THE BEST THING ABOUT AUSTRIA//Vorarlberg, Neusiedler See, wine from Burgenland, fm4 radio, Ö1 radio
THE MOST NEGATIVE THING ABOUT AUSTRIA//Moaners, Viennese authorities.

IDEEN UND KONZEPTE, DIE EURE ARBEIT DEFINIEREN//Unsere Ideen und Konzepte entwickeln
wir aus Beobachtung und Kommunikation.
EUER SLOGAN//„... nicht ärgern, nur wundern!"
WIE SEHT IHR DEN MOMENTANEN STAND ÖSTERREICHISCHER KREATIONEN//Ein hohes Potenzial an jungen Kreativen mit einem zu seltenen Blick „über den Tellerrand".
DAS BESTE AN ÖSTERREICH//Vorarlberg, Neusiedler See, Wein aus dem Burgenland, fm4 Radio, Ö1
DAS NEGATIVSTE AN ÖSTERREICH//Mieselsucht, Wiener Behörden.

FELIX
stackable boxes/Kisten, stapelbar
Designer DELFINE architekten
varnished plywood/Sperrholz lackiert

VOGELHAUS

birdhouse/Vogelhaus

Designer DELFINE architekten

larch, polycarbonate/Lärchenholz, Polycarbonat

design by f maurer

design by f maurer | vienna
Rechte Bahngasse 40
A-1030 Wien
Tel. +43 1 512 10 30
design@fmaurer.com
www.fmaurer.com

SNOW
bench/Sitzbank
produced/produziert by f maurer
wood, fiberglass, metal varnished/Holz, Glasfaser, Metall lackiert

AUDIO FURNITURE
Richard Dorfmeister and MDLA
on SNOW
Page/Seite 410/411

YOUR WORK IDEOLOGY // You can do better!
EDUCATION // With each client, with each new material you start all over learning again.
HOW DO YOU SURVIVE // By breathing in and out and in - combined with a glass of redwine in between.
HOW DO YOU MAKE A LIVING// by mainly living of vegetarian food.
IN HOW FAR DOES AUSTRIA ALLOW YOUNG TALENTS SCOPE //
HOW MUCH SUPPORT DOES IT OFFER FOR YOUNG TALENTS // The world belongs to the young and talented.
WHICH CONTRIBUTION DOES AUSTRIAN DESIGN MAKE ON A GLOBAL SCOPE //Who goes looking for the A in the alphabetsoup? The main thing is it tastes good and sells well.
YOUR OPINION ON THE RELATIONS BETWEEN COMPANIES AND YOUNG TALENTS //Go for it! (Don't forget the money)
THE BEST THING ABOUT AUSTRIA // That Austria is an Island.
THE MOST NEGATIVE THING ABOUT AUSTRIA // That the Island is surrounded by a cliff line

DEINE ARBEITSIDEOLOGIE // Mach es besser!
AUSBILDUNG // Mit jedem neuen Kunden, mit jedem neuen Material beginnt das Lernen von neuem.
WIE ÜBERLEBST DU //Einatmen, ausatmen. Einatmen – zwischendurch ein Glas Rotwein.
WOVON LEBST DU //Ausschließlich von vegetarischer Kost.
INWIEFERN LÄSST ÖSTERREICH DEN JUNGEN TALENTEN SPIELRAUM UND UNTERSTÜTZT DIE ENTWICKLUNG JUNGER TALENTE // Jungen Talenten gehört die Welt!
WELCHEN BEITRAG TRÄGT ÖSTERREICHISCHES DESIGN GLOBAL GESEHEN // Wer sucht das A in der Buchstabensuppe? Hauptsache, sie schmeckt und verkauft sich gut.
WAS IST DEINE MEINUNG ÜBER DIE BEZIEHUNG ZWISCHEN FIRMEN UND JUNGEN TALENTEN IN ÖSTERREICH //Nur Mut! (Und nicht auf's Geld vergessen)
DAS BESTE AN ÖSTERREICH // Dass Österreich eine Insel ist.
DAS NEGATIVSTE AN ÖSTERREICH // Dass diese Insel rundum Steilküste hat.

previous page…

RITA
floor lamp, suspension lamp / Stehleuchte, Hängeleuchte
produced / produziert by f maurer
wood weather-beaten, varnished, light /
Holz, verwittert, lackiert, Leuchtmittel

APO MOBILE
multifunctional seminar furniture /
Multifunktionales Seminarmöbel
produced for / produziert für
Aspern Pharmacy, Vienna
compact board, metal / Kompaktplatte, Metall
produced by f maurer

SET OF VASES No.2
vases/Vasen
produced/produziert by
artificial designvertrieb
glass/Glas

COLOUR COLUMN
floor lamp/Stehleuchte
produced/produziert by
artificial designvertrieb
acrylic glass, light/
Acrylglas, Leuchtmittel

MUH
washing place/Waschplatz
produced/produziert by f maurer
wood, mirror, metal/
Holz, Spiegel, Metall

COSMETIC PACKAGING
produced/produziert by Petritsch GmbH
plastic, metal ring/Kunststoff, Metallring

ICE BLOCK
table lamp/Tischleuchte
produced/produziert by
artificial designvertrieb
acrylic glass with ice texture,
Light/Acrylglas,
Eisblumen, Leuchtmittel

DANCE OF THE GLASSES/TANZ DER GLÄSER
drinking glasses & carafes/
Trinkgläser & Karaffen
produced by Raumgestalt GmbH
glass/Glas

CONCAVE
fire-bowl/Flammschale
produced/produziert by mono
stainless steel, wick/
Edelstahl, Docht

dür
design

Raimund Dür
Robert Rüf
Reinold Knapp
Vorholz 264
A-6861 Alberschwende
Tel. +43 5579 3320
Fax. +43 5579 33204
duer.tischlerei@aon.at

DEFINE THE IDEAS AND CONCEPTS OF YOUR WORK//Fun in experiencing whilst knowing how to handle materials and the production process; no presentation of the obvious use of the material wood
YOUR SLOGAN//At the end there is a human being who has to and wants to live with the created objects.
YOUR INSPIRATION//Every day.

IDEEN UND KONZEPTE, DIE EURE ARBEIT DEFINIEREN//Experimentierfreudigkeit bei gleichzeitig sehr bewusstem Umgang mit Materialen und Fertigungsprozessen; keine plakative Zurschaustellung der Möglichkeiten des Werkstoffes Holz.
DEIN SLOGEN//Am Ende steht ein Mensch, der mit den erzeugten Objekten leben will und muss.
DEINE INSPIRATION//Jeder Tag.

FILZBANK/FILZHOCKER
bench, stool/Bank, Hocker
Designer Robert Rüf
felt, acorn/Filz, Ahorn

PORTABLE
table/Tisch
Designer Reinold Knapp
nut tree, acorn/Nussbaum, Ahorn

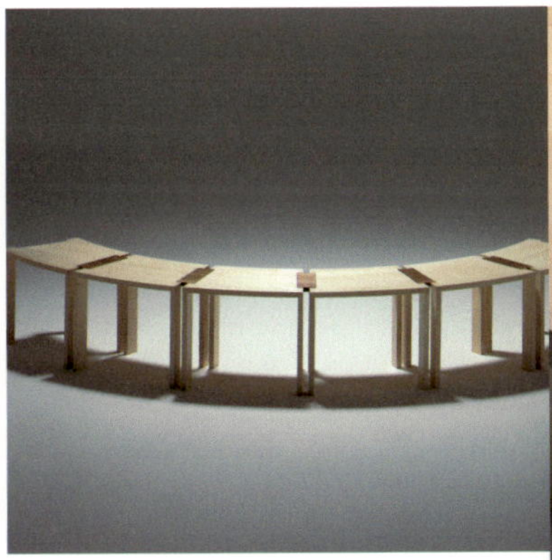

SEKRETÄR
secretary/Sekretär
Designer Reinold Knapp
nut tree, acorn/Nussbaum, Ahorn

VOM HOCKER ZUR BANK
stool, bench/Hocker, Bank
Designer Raimund Dür
nut tree, acorn/Nussbaum, Ahorn

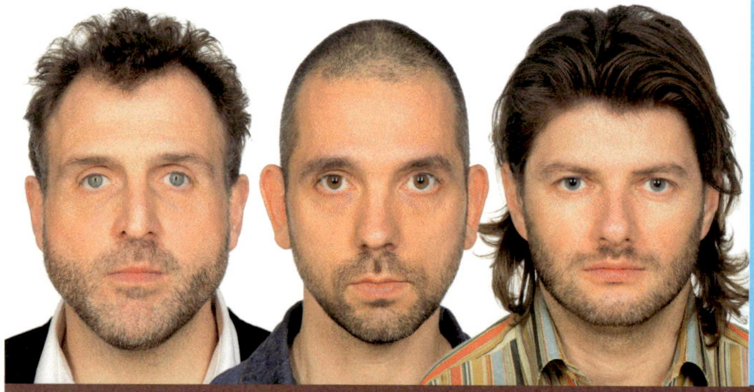

Gernot Bohmann
Martin Bergmann
Harald Gründl
Theresiengasse 11/15
A-1180 Wien
Tel. +43 1 405 39 87
Fax. +43 1 405 39 87-80
design@eoos.com
www.eoos.com

eoos

SWEET WOOD
chair/Stuhl
produced by/Produziert von Montina
ash matt barnish/Esche matt lackiert

YOUR WORK IDEOLOGY//„Poetical analysis“ is the approach we apply to complex design problems. At the beginning of a project, we not only analyse the theme from current perspectives, but we also trace back its roots into the past. We search for the images and rituals deeply engraved in human consciousness that serve now and then to visualize and stabilize social categories. Rituals are increasingly shifted out of their sacral context into the culture of consumerism. As a consequence, designers and companies have a new responsibility towards society.

DEFINE THE IDEAS AND CONCEPTS OF YOUR WORK//We sympathise with the error, the paradox and the immediate thought – with travelling lightly.

EURE ARBEITSIDEOLOGIE//Die „Poetische Analyse“ ist unsere Herangehensweise an komplexe Designfragen. Am Beginn eines Projekts wird das Thema nicht nur nach aktuellen Gesichtspunkten analysiert, sondern es werden auch alle in die Vergangenheit reichenden Wurzeln berücksichtigt. Wir suchen nach den tief in das menschliche Bewusstsein eingravierten Bildern und Ritualen, die heute wie damals dazu dienen, gesellschaftliche Kategorien sichtbar zu machen und zu stabilisieren. Rituale werden zunehmend aus dem sakralen Kontext in die Konsumkultur verschoben. Das bedeutet eine neue Verantwortung für Designer und Unternehmer gegenüber der Gesellschaft.

IDEEN UND KONZEPTE, DIE EURE ARBEIT DEFINIEREN//Unsere Sympathie gehört dem Irrtum, dem Paradoxen und dem unmittelbaren Gedanken – der Reise mit leichtem Gepäck.

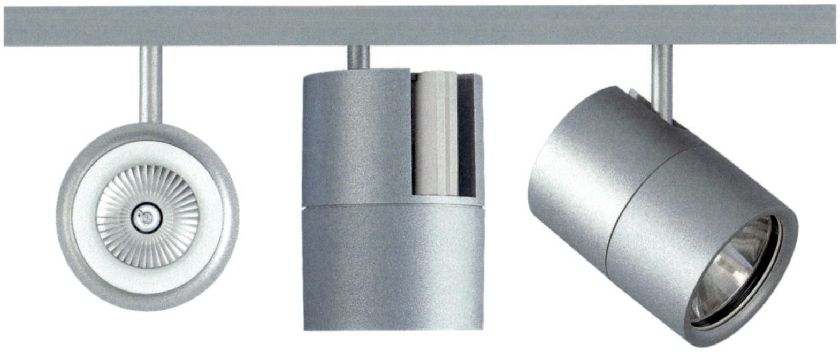

VIVO
Spotlight/Strahler
produced by/Produziert von Zumtobel Staff
aluminium and plastic pressure casting/
Aluminium- und Kunststoffdruckguss

FILO
conference chair/Konferenzstuhl
produced by/Produziert von Keilhauer, Bene
aluminium and plastic pressure casting, netting/
Aluminium- und Kunststoffdruckguss, Netz

TOGETHER
bench/Bank
produced by/Produziert von Walter Knoll
leather, steel, foam, plastic/
Leder, Stahl, Schaumstoff, Kunststoff

KUBE
auditorium seating system/Sitzsystem Auditorium
produced for/Produziert von Matteograssi
stainless steel, leather/Edelstahl, Leder

Christoph Katzler
Sven Jonke
Nikola Radeljkovic
Canisiusgasse 13/16
A-1090 Wien
Tel. +431 310 25 72
Fax. +431 310 25 72
foruse@eunet.at

for use

WHAT TYPES OF PRODUCTS DO YOU DESIGN // Up to now, just furniture, mainly chairs and systems.

WHAT HUMAN EMOTIONS AND NECESSITIES DRIVE YOUR DESIGNS //We feel obliged to proceed promoting the modernist idea. In the sense that there is still space for formal, functional and conceptual improvement of industrial objects. The overwhelming burden of trash proves that the responsibility and ethics are crucial qualities of design.

IS YOUR WORK AN INDIVIDUAL STATEMENT OR A TEAM SOLUTION //We try to reach a team statement, but it is in most cases a team solution, made with a lot of discussions over each end every detail.

WHAT WOULD BE YOUR SECOND CAREER CHOICE AFTER DESIGN //Teacher, or somebody who works with kids / jazz musician / cook.

WAS FÜR DESIGNS KREIERT IHR // Bis jetzt nur Möbel, hauptsächlich Stühle und Systeme.

WAS FÜR EMOTIONEN UND NOTWENDIGKEITEN INSPIRIEREN EURE DESIGNS // Wir finden, dass wir die Idee der Moderne vorantreiben sollten. Im Sinne, dass es noch Platz gibt für formale, funktionale und konzeptionelle Verbesserungen von industriellen Objekten. Die überwältigende Last von Trash zeigt auf, dass Verantwortung und Ethik grundsätzliche Quatlitäten von Design sind.

IST EURE ARBEIT EINE INDIVIDUELLE AUSSAGE ODER EINE TEAMLÖSUNG // Wir versuchen eine Teamaussage, aber in den meisten Fällen auch eine Teamlösung mit vielen Diskussionen über alles und jedes Detail.

WAS WÄRE EURE ZWEITE BERUFSENTSCHEIDUNG NACH DESIGN // Lehrer oder mit Kinder arbeiten / Jazz Musiker / Koch.

AUDIO FURNITURE
Mika
on FU-09
Page/Seite 414/415

FU-09
chair/Stuhl
produced by/Produziert von MDF Italia
fibreglass-polyester shell, fabric, foam, steel, aluminium/
fiberglas-Polyester Schale, Stoff, Schaumstoff, Stahl, Aluminium

FU-09
folding chair/Klappstuhl
produced by/Produziert von Zanotta
stainless steel, removable fabric/Edelstahl, abnehmbarer Stoff

HPLC
shelves/Regale
produced by/Produziert von Cappellini
laminate surface/Laminat-Fläche

L-BED
bed/Bett
produced by/Produziert von Interluebke
varnished or veneered chipboard/ lackierte oder furnierte Spanplatte

FU-05
stool/Hocker
produced by/Produziert von Cappellini
techno-polymere shell, varnished steel/ Techno-Polymer Schale, lackierter Stahl

guggenbichler
design

Harald Guggenbichler
Heike Kubista
Schellhammergasse 3/1
1170 Wien
Tel. +43 699 1924 1530
Fax +43 1 804 39 44
design@guggenbichler.at
www.guggenbichler.at

ALUMINIUM FURNITURE
bench/Bank
produced by/Produziert von fermob
aluminium/Aluminium

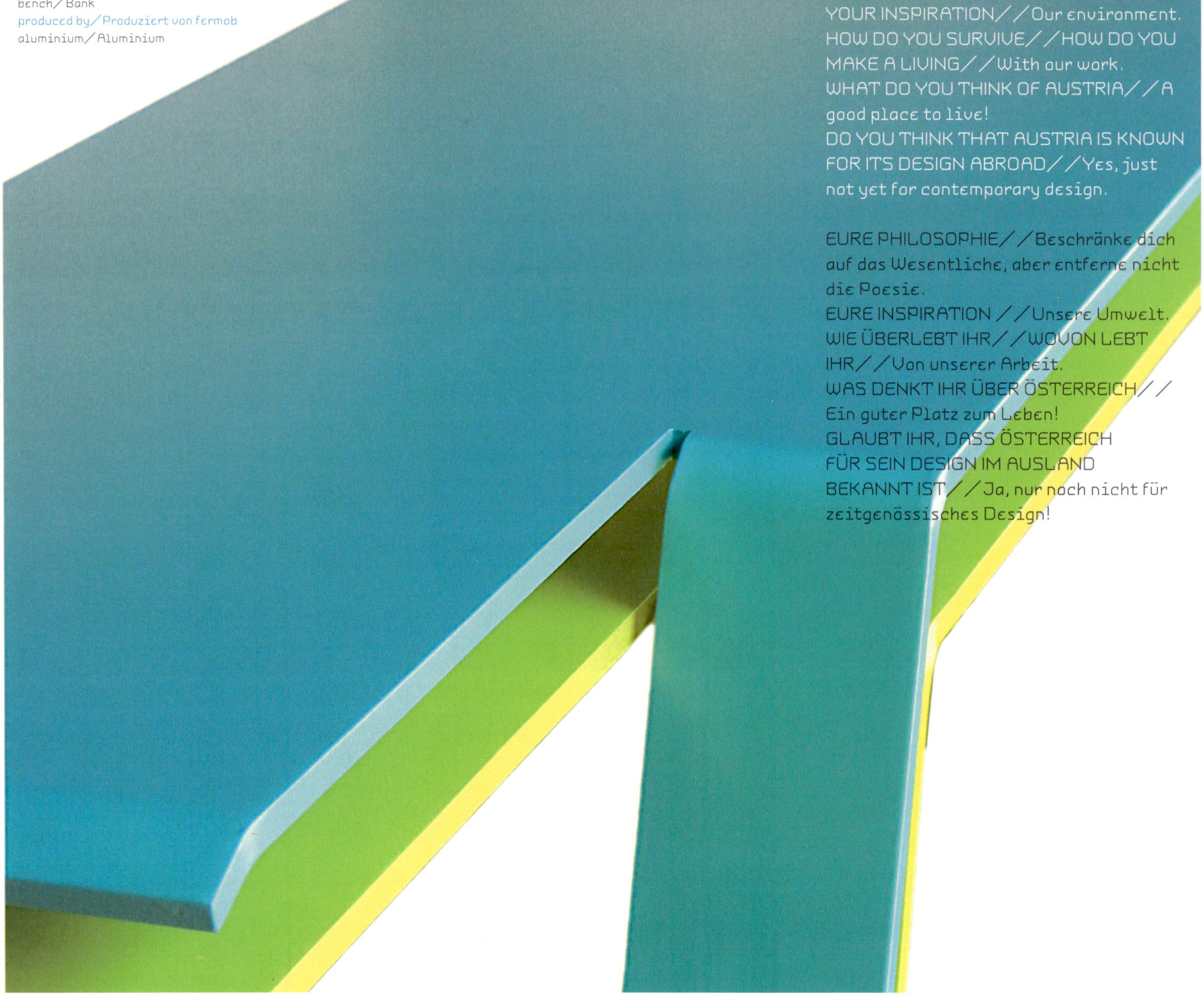

YOUR PHILOSOPHY//Nothing but the essentials ... and the poetry.
YOUR INSPIRATION//Our environment.
HOW DO YOU SURVIVE//HOW DO YOU MAKE A LIVING//With our work.
WHAT DO YOU THINK OF AUSTRIA//A good place to live!
DO YOU THINK THAT AUSTRIA IS KNOWN FOR ITS DESIGN ABROAD//Yes, just not yet for contemporary design.

EURE PHILOSOPHIE//Beschränke dich auf das Wesentliche, aber entferne nicht die Poesie.
EURE INSPIRATION //Unsere Umwelt.
WIE ÜBERLEBT IHR//WOVON LEBT IHR//Von unserer Arbeit.
WAS DENKT IHR ÜBER ÖSTERREICH// Ein guter Platz zum Leben!
GLAUBT IHR, DASS ÖSTERREICH FÜR SEIN DESIGN IM AUSLAND BEKANNT IST//Ja, nur noch nicht für zeitgenössisches Design!

BIRDLAND
birdhouse/Vogelhaus
produced by/Produziert von insieme
wood, plastic/Holz, Kunststoff

FLOWER WALL
vase/Vase
produced by/Produziert von insieme
test tubes, mdf varnished/Reagenzgläser, MDF lackiert

STICK TOGETHER
salt and pepper shaker/Salz- und Pfefferstreuer
produced by/Produziert von insieme
nut, oiled, ceramics/Nuss, geölt, Keramik

LUCKY FRUITS
fruit bowl/Obstschale
produced by/Produziert von insieme
plywood, oiled/Sperrholz, geölt

CHILL ®
chair / Stuhl
produced by / Produziert von
JongForm
metal base, upholstery /
Metallfuß, Polsterung

CHILLI CHAIR
chair / Sessel
Designer Harald Guggenbichler
plywood / Sperrholz

AUDIO FURNITURE
Karl Moestl
on CHILLI CHAIR
Page / Seite 390 / 391

HONEYCOMB
shelf / Regal
Designer Harald Guggenbichler
plywood, mdf / Sperrholz, MDF

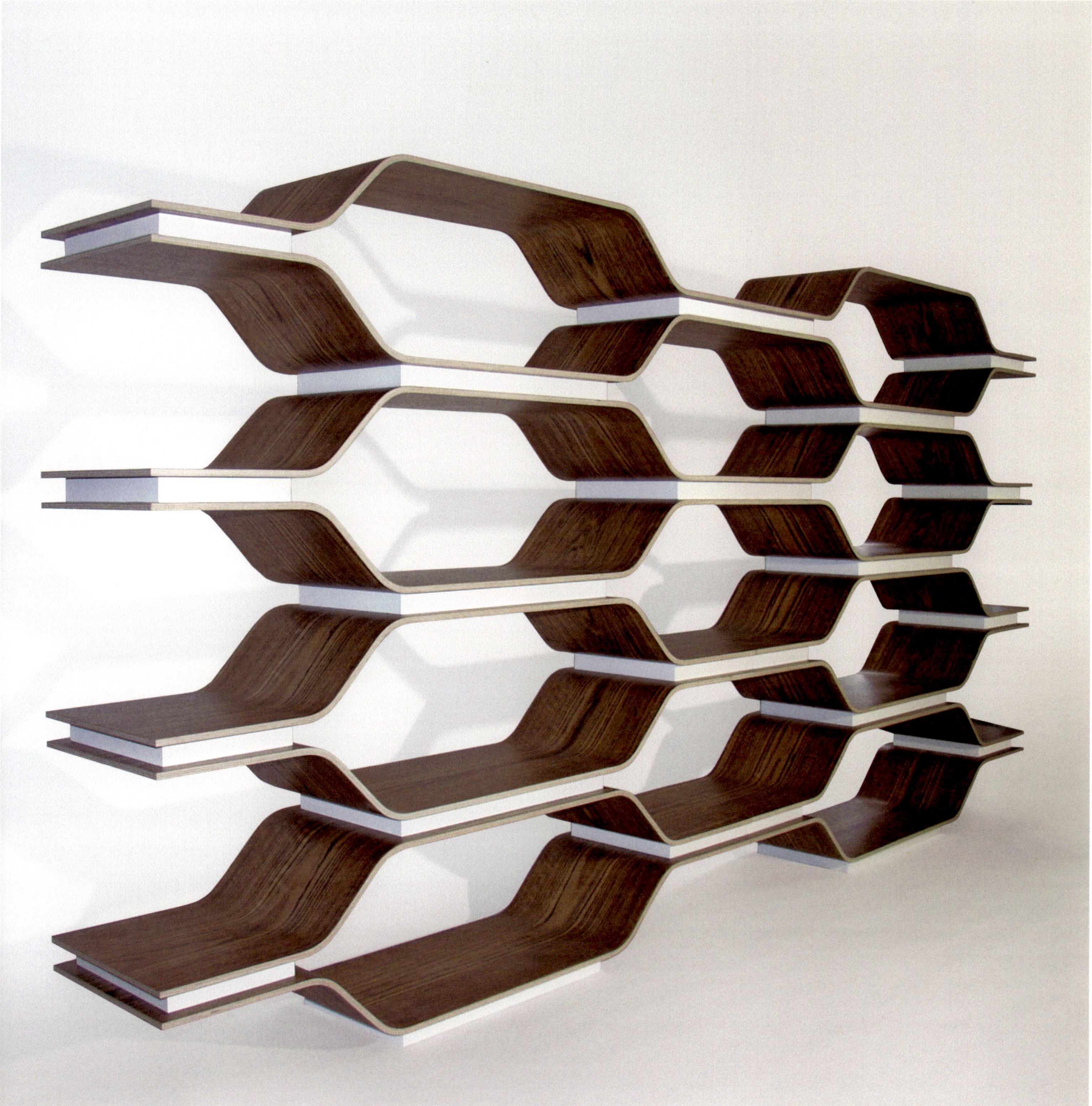

kijode

Kai Riedesser
Johannes Bayer
Denise Ender
Augartenstrasse 39
A-6890 Lustenau
Tel. + 43 5 5577 63177
rockon@kijode.com
www.kijode.com

BOLLO
stool/Hocker
produced by/Produziert von Bayer Kartonagen
corrugated cardboard/Wellkarton

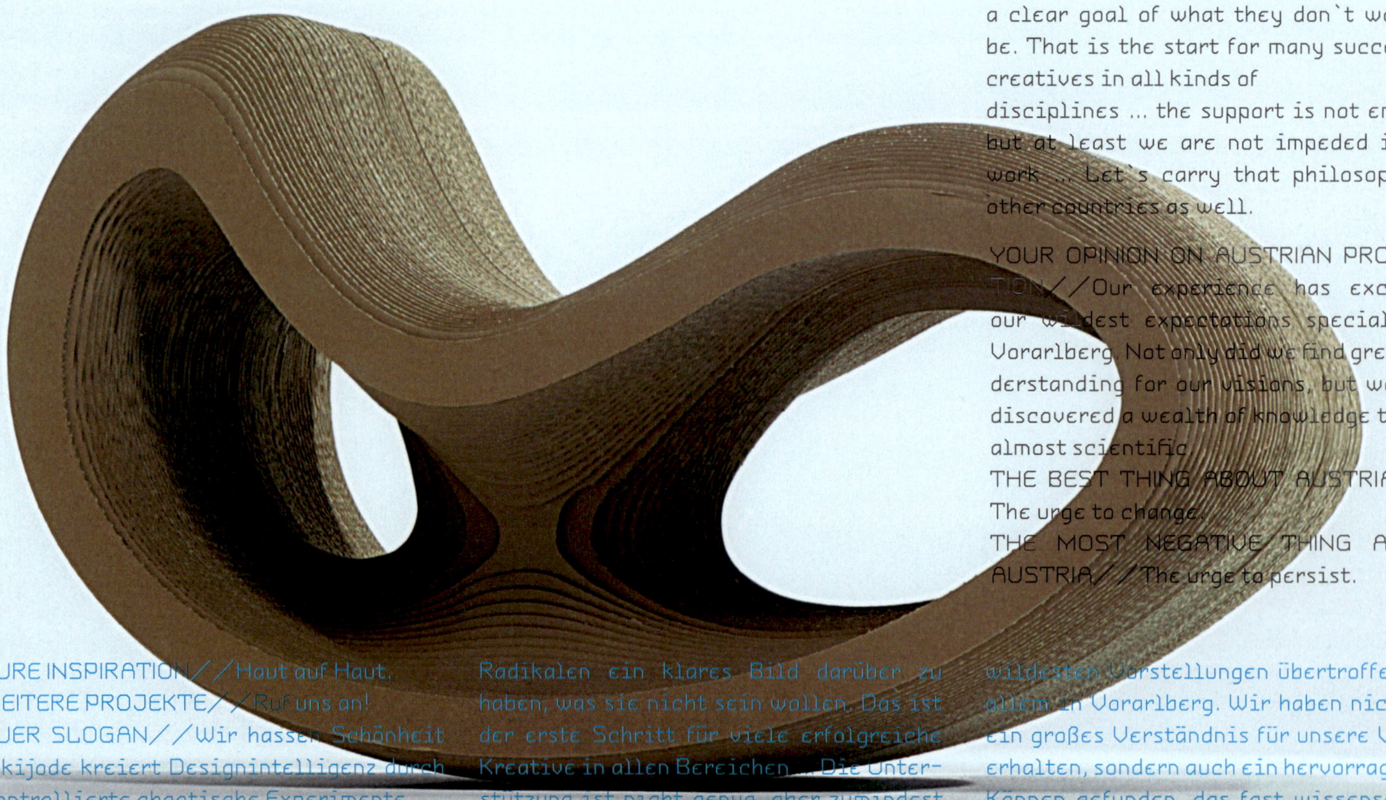

YOUR INSPIRATION //Skin on skin.
FURTHER PROJECTS//Call us!
YOUR SLOGAN//We hate beauty – kijode creates design intelligence through controlled chaotic experiments.
IN HOW FAR DOES AUSTRIA ALLOW YOUNG TALENTS SCOPE//HOW MUCH SUPPORT DOES IT OFFER FOR YOUNG TALENTS//The rigid definition of Austria over historical design achievements allows young radicals to have a clear goal of what they don`t want to be. That is the start for many successful creatives in all kinds of disciplines ... the support is not enough, but at least we are not impeded in our work ... Let`s carry that philosophy to other countries as well.
YOUR OPINION ON AUSTRIAN PRODUCTION//Our experience has exceeded our wildest expectations specially in Vorarlberg. Not only did we find great understanding for our visions, but we also discovered a wealth of knowledge that is almost scientific.
THE BEST THING ABOUT AUSTRIA // The urge to change.
THE MOST NEGATIVE THING ABOUT AUSTRIA//The urge to persist.

EURE INSPIRATION//Haut auf Haut.
WEITERE PROJEKTE//Ruf uns an!
EUER SLOGAN//Wir hassen Schönheit – kijode kreiert Designintelligenz durch kontrollierte chaotische Experimente.
INWIEFERN LÄSST ÖSTERREICH DEN JUNGEN TALENTEN SPIELRAUM UND UNTERSTÜTZT DIE ENTWICKLUNG JUNGER TALENTE//Die rigide Definition von Österreich über historische Design-errungenschaften ermöglicht jungen Radikalen ein klares Bild darüber zu haben, was sie nicht sein wollen. Das ist der erste Schritt für viele erfolgreiche Kreative in allen Bereichen ... Die Unterstützung ist nicht genug, aber zumindest werden wir nicht gehindert in unserer Arbeit ... Lasst uns diese Philosophie auch auf andere Länder übertragen.
WAS IST EURE MEINUNG ÜBER DIE ÖSTERREICHISCHE PRODUKTION//Unsere Erwartungen wurden von den wildesten Vorstellungen übertroffen, vor allem in Vorarlberg. Wir haben nicht nur ein großes Verständnis für unsere Vision erhalten, sondern auch ein hervorragendes Können gefunden, das fast wissenschaftlich ist.
DAS BESTE AN ÖSTERREICH // Das Verlangen nach Veränderung.
DAS NEGATIVSTE AN ÖSTERREICH // Das Verlangen, nicht lockerzulassen.

ILL_BILL
table/Tisch
produced by/Produziert von Sitag
rigid foamed plastic slab/Hartschaumstoff-Platte

FATIH
lounge chair/Liege
produced by/Produziert von Sitag
rigid foamed plastic slab/Hartschaumstoff-Platte

PAC_MAN
wall screen/Wand Screen
produced by/Produziert von Bayer Kartonagen
pvc/PVC

VLADIMIR
stool/Hocker
produced by/Produziert von Sitag
rigid foamed plastic slab/Hartschaumstoff-Platte

AUDIO FURNITURE
Zeebee
on VLADIMIR
Page/Seite 388/389

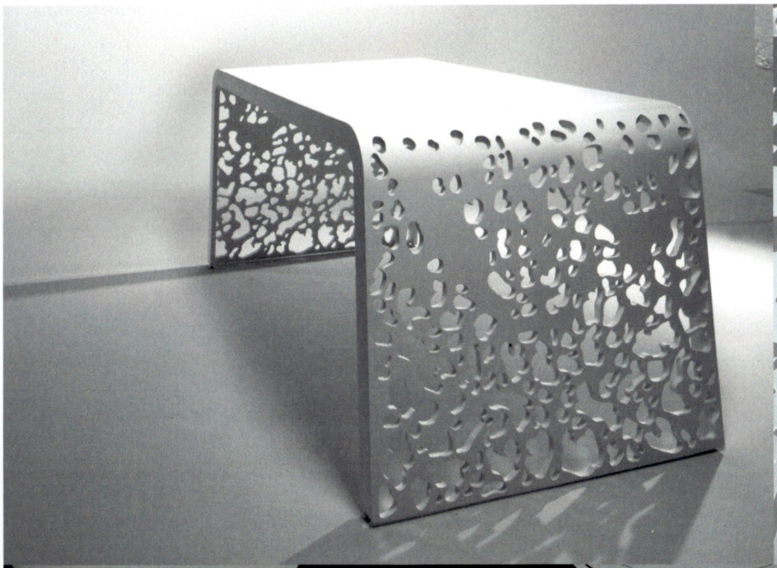

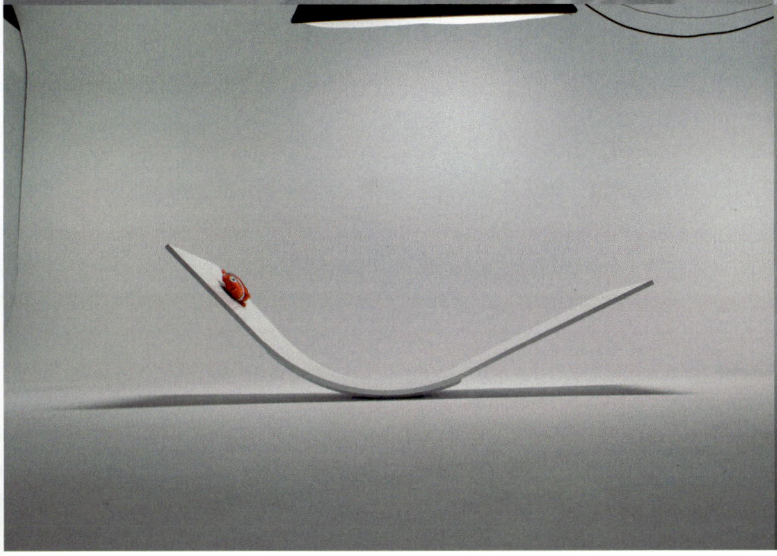

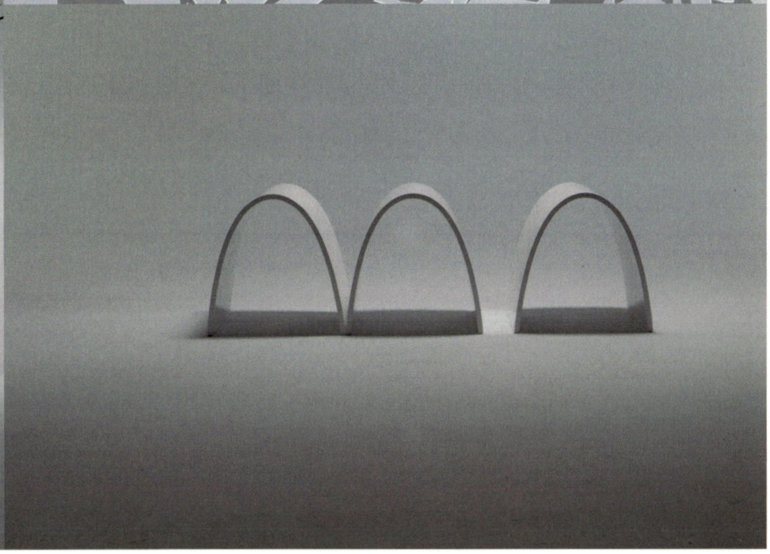

Barbara Ambrosz
Karin Stiglmair
Hormayrgasse 7
A-1170 Wien
Tel. +43 1 924 83 32
office@lucyd.com
www.lucyd.com

lucy.d
designstudio

DEFINE THE IDEAS AND CONCEPTS OF YOUR WORK//Functionality; aesthetics; humour; irritating the user's way of looking at things; unusual application of (new) materials.
YOUR SLOGAN//Our objects tell tales.
HOW DO YOU SURVIVE//HOW DO YOU MAKE A LIVING//Lucy.D and teaching.
YOUR OPINION ON THE CURRENT STATE OF AUSTRIAN CREATION//We note a growing potential, a lot of things are changing.
YOUR OPINION ON AUSTRIAN PRODUCTION//We would like to see more openness for innovative projects and more confidence in the creative potential.
5 INDISPENSABLE BRANDS FROM AUSTRIA//Lobmeyr, Swarovski, Trodat, Wittmann, Zumtobel

IDEEN UND KONZEPTE, DIE EURE ARBEIT DEFINIEREN//Funktionalität; Ästhetik; Humor; Irritation des Benutzerblicks; ungewohnter Einsatz von (neuen) Materialien.
EUER SLOGAN//Unsere Objekte erzählen Geschichten.
WIE ÜBERLEBT IHR//WOVON LEBT IHR//Lucy.D und Lehre.
WIE SEHT IHR DEN MOMENTANEN STAND ÖSTERREICHISCHER KREATIONEN//Wir beobachten ein wachsendes Potential, es ist vieles im Wandel.
WAS IST EURE MEINUNG ÜBER DIE ÖSTERREICHISCHE PRODUKTION//Wir wünschen uns eine größere Offenheit für innovative Projekte und Vertrauen ins kreative Potential.
5 UNENTBEHRLICHE MARKEN AUS ÖSTERREICH//Lobmeyr, Swarowski, Trodat, Wittmann, Zumtobel.

LUCY
hammock for one tree/Hängematte für einen Baum
produced by/Produziert von TKD
metal frame, textile, belt with ratch/Metallgestell, Stoff, Gurt mit Ratsche

AUDIO FURNITURE
Stereotyp
on EATER'S GIFT
Page/Seite 396/397

TABULA
table/Tisch
Designer LUCY.D
aluminium honeycomb plate, veneered, varnished/Alu Honeycombplatte, furniert, lackiert

RYKER
tableware/Tischgeschirr
produced by/Produziert von Keramik Seiser
old china glazed with platin/Altes Porzellangeschirr mit Platin glasiert

EATER'S GIFT
bench, chair/Bank, Stuhl
Dersigner LUCY.D
wooden construction, textile, leather upholstered/Holzunterkonstruktion, Stoff, Leder gepolstert

SCOTT
tableware/Tischgeschirr
produced by/Produziert von Glasatelier Steinschönau
mouth blown crystal glass, polished glass base/mundgeblasenes Kristallglas, Glasboden geschliffen

maybedesign

Bora Akcay
Susanne Akcay
Erdem Akan
Reisnerstrasse 29/8
A-1030 Wien
Tel. +43 650 2522 926
Fax. +43 1 943 04 49
info@maybedesign.at
www.maybedesign.at

YOUR WORK IDEOLOGY//Create objects that make you happy.
YOUR INVENTION// Model Certificate Nr.55238
FURTHER PROJECTS//Body art, reincarnation, competitions.
YOUR SLOGAN//Don't give up!
IN HOW FAR DOES AUSTRIA ALLOW YOUNG TALENTS SCOPE//HOW MUCH SUPPORT DOES IT OFFER FOR YOUNG TALENTS//Austria is creating a wider platform for young designers to be active, but we think that rather the designers themselves or private institutions are pushing and supporting design (PAD).
5 INDISPENSABLE BRANDS FROM AUSTRIA//Atomic, KTM, Manner, Voest Alpine, Swarovski

EURE ARBEITSIDEOLOGIE//Objekte schaffen, die fröhlich machen.
EURE ERFINDUNG//Musterzertifkat Nr. 55238
WEITERE PROJEKTE//Body art, Reincarnation, Wettbewerbe.
EUER SLOGAN//Nicht aufgeben!
INWIEFERN LÄSST ÖSTERRICH DEN JUNGEN TALENTEN SPIELRAUM UND UNTERSTÜTZT DIE ENTWICKLUNG JUNGER TALENTE//In Österreich werden langsam mehr Plattformen errichtet, wo junge Designer die Möglichkeit haben, aktiv zu sein, allerdings denken wir, dass die Initiative, etwas ins Rampenlicht zu rücken, eher von den Designer selbst oder privaten Unterstützern ergriffen wird (PAD).
5 UNENTBEHRLICHE MARKEN AUS ÖSTERREICH//Atomic, KTM, Manner, Voest Alpine, Swarovski

AUDIO FURNITURE
Cay Taylan
on The "Winglet"
Page/Seite 406/407

SPACE SHIP
furniture with socks/Sockenmöbel
designer Susanne Akcay
mdf varnished, stainless steel, textile elements/
MDF lackiert, Edelstahl, textile Elemente

clockwise/im Uhrzeigersinn

„CHANNEL 5" LAMP
night lamp/Nachtlampe
Designer Erdem Akan
glass, perspex box, steel structure/
Glas, Plexiglas-Kasten, Stahlgestell

SITBAG
suitcase chair/Koffersessel
Designer Erdem Akan
suitcase, stainless steel, textiles/
Hartschalenkoffer, Edelstahl, Textilien

„HIT ME" LAMP
drum light/Trommelleuchte
Designer Bora Akcay
steel, aluminium, skin/Stahl, Aluminium,
gespannte Haut

„LP" BOWL
accessory/Accessoire
Designer Susanne Akcay
vinyl/Vinyl

DOPPELHORN
hot chocolate pot/Kakaokanne
Designer Bora Akcay
china/Porzellan

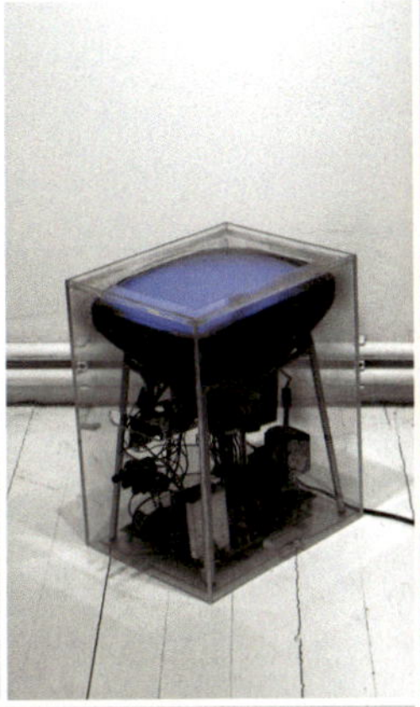

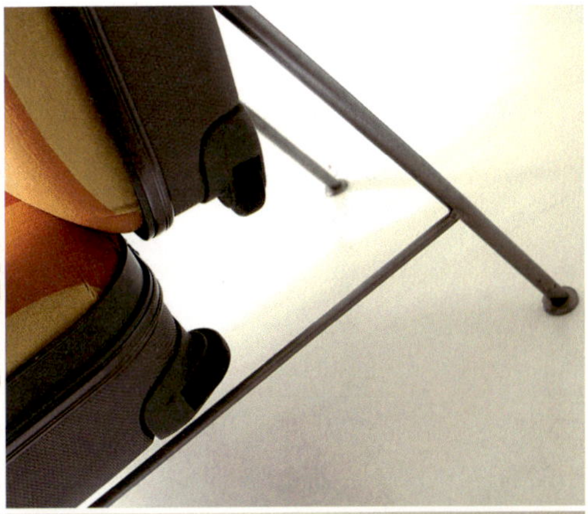

mayr & glatzl

m&g designstudio

Heinz Glatzl
Joachim Mayr
Kreuzgasse 76
A-1180 Wien
Tel. +43 1 479 65 58
Fax. +43 1 479 65 58/33
office@mayr-glatzl.at
www.emundge.at

YOUR INVENTION//Smoothed plywood, M&G-Zebra_Look (structured plywood)
FURTHER PROJECTS//More furniture and now and again architecture (at the moment we are working on a cool skiing-hut, something new for us)
WHAT DO YOU THINK OF AUSTRIA//
The home country is something special, so an objective judgement is difficult. It seems that Austria has its place in Europe, and has also found and developed itself within the racing development of the last decades, democratically stable and easygoing. As a fan of easygoing I have no problem with this not very exciting situation, but for open-minded people this place is too tight.
HOW/WHEREBY IS AUSTRIAN DESIGN KNOWN//
A) Moderately, but I do not really know as I do not live abroad.
B) Lederhosen and interesting/different architecture.

EURE ERFINDUNG//Sperrholz angeschliffen, M&G-Zebra-Look (Sperrholz strukturiert)
WEITERE PROJEKTE//Mehr Möbel und immer wieder Architektur (im Moment arbeiten wir an einer coolen Schihütte, mal was Neues)
WAS DENKT IHR ÜBER ÖSTERREICH//
Es scheint als hätte Österreich seinen Platz in Europa und auch im Mahlstrom der rasenden Entwicklungen der letzten Dekaden gefunden und entwickelt sich, auch demokratisch, stabil und gemächlich. Als Fan der Gemütlichkeit habe ich mit dieser unaufregenden Situation kein Problem, für Freigeister ist´s bei uns zu eng.
WIE / WODURCH IST ÖSTERREICHISCHES DESIGN BEKANNT//
A) Mäßig, ich weiß aber nichts Genaues, denn ich lebe nicht im Ausland.
B) Lederhosen und schräge Architektur.

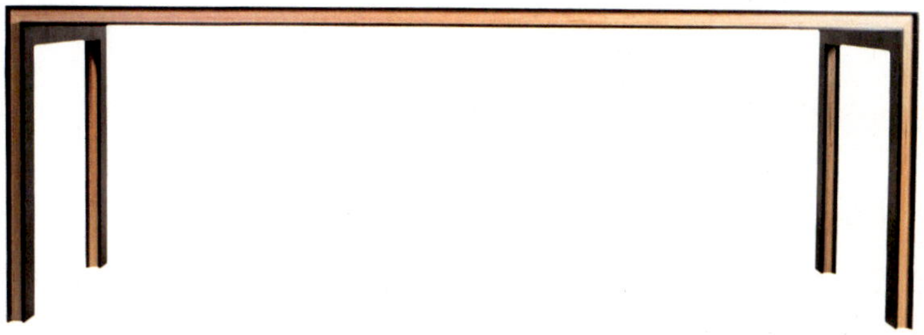

PING
stool/Hocker
produced by/Produziert von M&G
plywood veneered with wenge or white glazed/
Sperrholz, Wenge furniert oder weiss lasiert

PONG
table/Tisch
produced by/Produziert von M&G
plywood, veneered with Wenge/Sperrholz,
Wenge furniert

above left/oben links

KABA
commode/Kommode
produced by/Produziert von M&G
plywood, aluminium handles/Sperrholz, Alu-Griffleisten

above right/oben rechts

KETCHUP KAST'L
commode/Kommode
produced by/Produziert von M&G
varnished corpus, plywood fronts, aluminium handles/Schleiflack-Korpus, Sperrholzfronten, Alu-Griffleisten

below left/unten links

SCHECKI
wardrobe/Garderobe
produced by/Produziert von M&G
plywood white glazed or mdf-plates varnished, stainless steel/Sperrholz weiß lasiert oder MDF-Platten mit Schleiflack, Edelstahl

below right/unten rechts

ZEBRA X
wardrobe/Garderobe
produced by/Produziert von M&G
plywood, „zebra-look“, surfaces white glazed, stainless steel/Sperrholz, „Zebra-Look“, Grundflächen weiß lasiert, Edelstahl

U-ZE
bench/Bank
produced by/Produziert von M&G
polished structured plywood/Sperrholz strukturiert, angeschliffen

martin mostböck

Martin Mostböck
Schönlaterngasse 5/4/3
A-1010 Wien
Tel. +43 1 513 65 90
martin.mostboeck@chello.at
www.martin-mostboeck.com

DEFINE THE IDEAS AND CONCEPTS OF YOUR WORK//To find the root of the matter. Metaphor - transformation - mutation.

YOUR WORK IDEOLOGY//People who are always daydreaming are awake and can see the things that others, who are only dreaming while they are sleeping, can not see. (E. A. Poe)

YOUR INSPIRATION//Wind, daylight, tides.

HOW DO YOU SURVIVE//HOW DO YOU MAKE A LIVING//Architecture and design.

DO YOU THINK THAT AUSTRIA IS KNOWN FOR ITS DESIGN ABROAD//Yes. Because of the classic designers such as Hoffmann, Thonet, etc... and names such as Hollein, Coop Himmelblau, etc...

YOUR OPINION ON THE RELATIONS BETWEEN COMPANIES AND YOUNG TALENTS//Great tinkerers with excellent craftman´s knowledge.

IDEEN UND KONZEPTE, DIE DEINE ARBEIT DEFINIEREN//Den Kern der Sache suchen. Metapher-Transformation-Mutation.

DEINE ARBEITSIDEOLOGIE//Die, die immer träumen, sind wach, und sehen die Dinge, die andere nicht sehen, die nur träumen, wenn sie schlafen. (E. A. Poe)

DEINE INSPIRATION//Wind, Tageslicht, Gezeiten.

WIE ÜBERLEBST DU//WOVON LEBST DU//Architektur und Design.

GLAUBST DU, DASS ÖSTERREICH FÜR SEIN DESIGN IM AUSLAND BEKANNT IST//Ja, durch Klassiker wie Hoffman, Thonet, usw... und Namen wie Hollein, Coop Himmelblau, usw. ...

WAS IST DEINE MEINUNG ÜBER DIE BEZIEHUNG ZWISCHEN FIRMEN UND JUNGEN TALENTEN IN ÖSTERREICH//Grossartige Tüftler mit hervorragender handwerklicher Qualität.

GARCIA
chair/Stuhl
produced by/Produziert von Braun-Lockenhaus
(Collection/Sammlung MAK Museum of Applied and Contemporary Arts, Vienna)
plywood, varnished, steel, chrome coated, plastic/Sperrholz lackiert, Stahl, verchromt, beschichtet, Kunststoff

TWISTA
vat for plants/Pflanzentrog
produced by/Produziert von ETERNIT
ETERNIT, gray and anthrazit/ETERNIT, Grau und Anthrazit

AUDIO FURNITURE
Forms of plastisity
on GARCIA
Page/Seite 398/399

SUNNY GARCIA
floor lamps/Stehlampen
produced by/Produziert von Martin Mostböck
aluminium tube, perforated, sand blasted, naturally anodised, sizes: 0,55 m or 5,5 m/Alurohr, perforiert, sandgestrahlt, natur eloxiert, Größen: 0,55 m oder 5,5 m

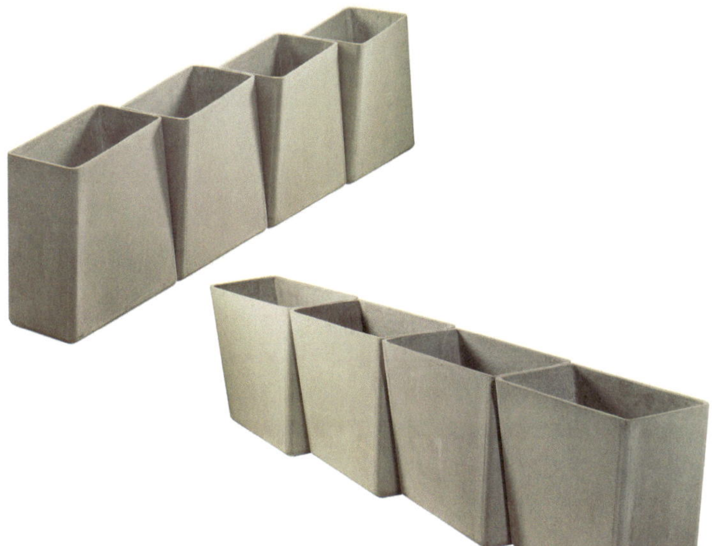

Kooperationspartner: ETERNIT, www.eternit.at / Braun-Lockenhaus, www.braun-lockenhaus.at

Rainer Mutsch
Löwengasse 53/8
A-1030 Wien
Mob. +43 664 453 55 25
www.rainermutsch.net
studio@rainermutsch.net

rainer mutsch
design

ROCKING CHAIR
rocking chair/Schaukelstuhl
Designer Rainer Mutsch
plastic/Kunststoff

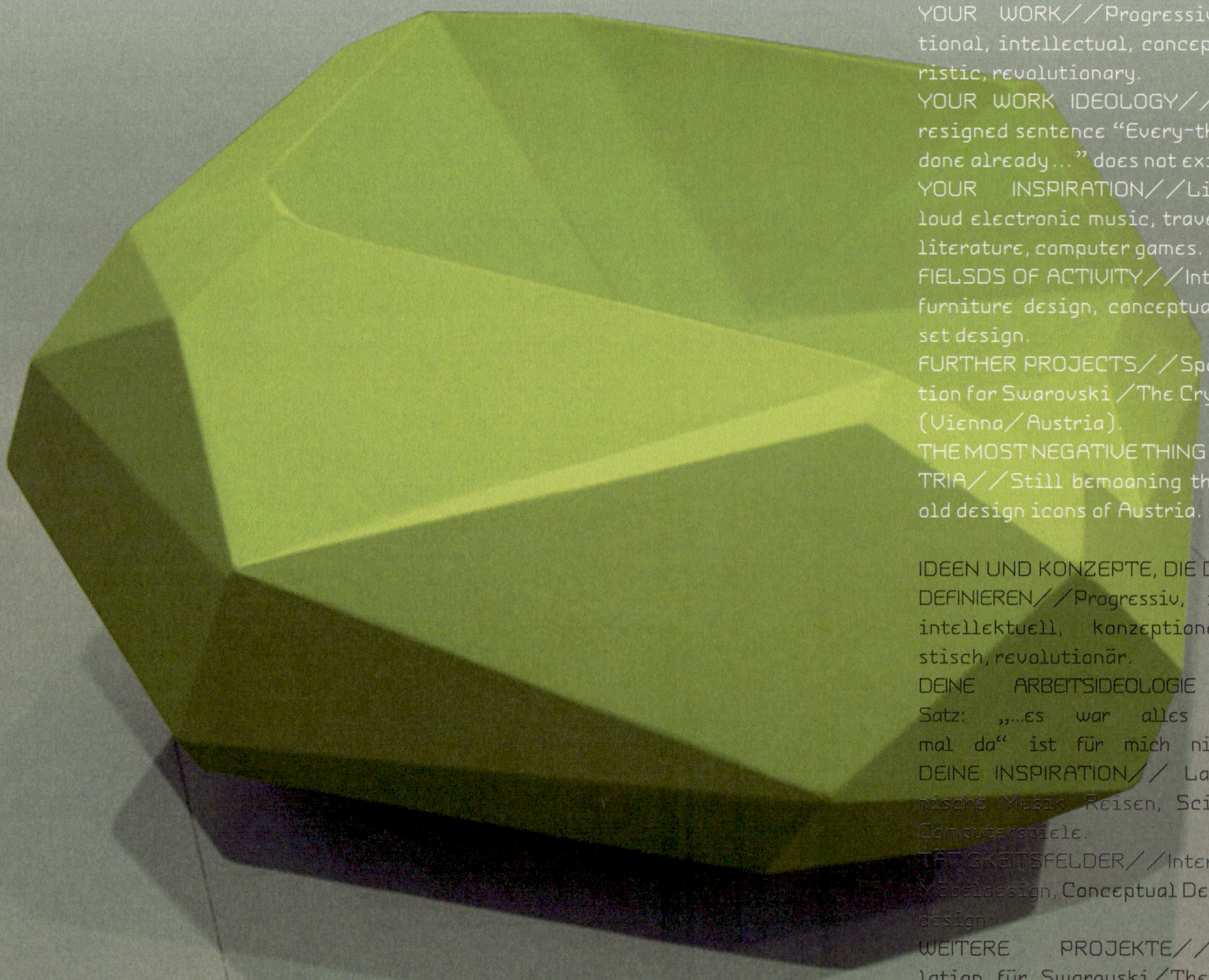

DEFINE THE IDEAS AND CONCEPTS OF YOUR WORK//Progressive, international, intellectual, conceptional, futuristic, revolutionary.
YOUR WORK IDEOLOGY//For me the resigned sentence "Every-thing has been done already…" does not exist.
YOUR INSPIRATION//Listening to loud electronic music, travelling, sci-fi literature, computer games.
FIELSDS OF ACTIVITY//Interior design, furniture design, conceptual design and set design.
FURTHER PROJECTS//Space installation for Swarovski /The Crystalweb (Vienna/Austria).
THE MOST NEGATIVE THING ABOUT AUSTRIA//Still bemoaning the loss of the old design icons of Austria.

IDEEN UND KONZEPTE, DIE DEINE ARBEIT DEFINIEREN//Progressiv, international, intellektuell, konzeptionell, futuristisch, revolutionär.
DEINE ARBEITSIDEOLOGIE // Der Satz: „…es war alles schon einmal da" ist für mich nicht existent.
DEINE INSPIRATION// Laute elektronische Musik, Reisen, Scifi-Literatur, Computerspiele.
TÄTIGKEITSFELDER//Interior Design, Möbeldesign, Conceptual Design und Setdesign.
WEITERE PROJEKTE//Rauminstallation für Swarovski/The Crystalweb, Wien.
DAS NEGATIVSTE AN ÖSTERREICH// Weint Designidealen des letzten Jahrhunderts nach.

AUDIO FURNITURE
Albanek
on ALU DINING CHAIR
Page/Seite 394/395

ALU DINING CHAIR
dining chair/Esszimmer Tisch
Designer Rainer Mutsch
aluminium, textiles/Aluminium, Textilien

ROCKTUB & SINK
bath, sink/Badewanne, Waschbecken
Designer Rainer Mutsch
fibreglass enhanced plastic, polyurethane core/
glasfaserverstärkter Kunststoff,
Polyurethankern

nin
designstudio

Katharina Prantner
Gardegasse 3
A-1070 Wien
Tel. +43 664 27 06276
Fax. +43 1 586 66 11
office@nin.at
www.nin.at

LEEGA
chairs/Stühle
produced by/Produziert von NIN
leather, stainless steel/Leder, Edelstahl

YOUR WORK IDEOLOGY // Good forms, beautiful details. Concerning furniture that is designed for a certain person, to make a „characterization" of this person.
YOUR INVENTION // Various new details.
YOUR INSPIRATION // Photos of any kind, the less intelligible they are the better, because they affect me like a kaleidoscope full of ideas.
YOUR SLOGAN // I'm still working on it: Each day is a beautiful day.
YOUR OPINION ON THE CURRENT STATE OF AUSTRIAN CREATION // There are a lot of designers (including architects) that do great things despite the difficult situation and are very highly motivated to realize good designs.
THE BEST THING ABOUT AUSTRIA // The cakes.

DEINE ARBEITSIDEOLOGIE // Gute Formen, schöne Details. Bei Einzelmöbeln, die für eine bestimmte Person entworfen werden, eine „Charakterisierung" dieser Person.
DEINE ERFINDUNG // Verschiedene, neue Details.
DEINE INSPIRATION // Photos jeglicher Art, je unverständlicher sie sind, desto lieber, weil sie wie ein Ideenkaleidoskop auf mich wirken.
DEIN SLOGAN // Ich arbeite noch daran: Jeder Tag ist ein schöner Tag.
WIE SIEHST DU DEN MOMENTANEN STAND ÖSTERREICHISCHER KREATIONEN // Es gibt viele Designer/Innen (viele Architekten/Innen dabei), die tolle Sachen machen und trotz der schwierigen Situation, hoch motiviert sind, gute Entwürfe umzusetzen.
DAS BESTE AN ÖSTERREICH // Die Süßspeisen.

GIN
kitchen/Küche
produced by/Produziert von NIN
stainless steel, wood, laminate/
Edelstahl, Holz,laminiert

BACCHUS
wine rack/Weinständer
produced by/Produziert von NIN
stainless steel, leather, massive pear wood/
Edelstahl, Leder, Birnenvollholz

CORBU
armchair/Lehnsessel
produced by/Produziert von NIN
stainless steel, varnished wood, leather/
Edelstahl, Holz lackiert, Leder

DICA
console/Pult
produced by/Produziert von NIN
stainless steel, massive pear wood/
Edelstahl, Birnenvollholz

IMPULS
sofa/Sofa
produced by/Produziert von NIN
stainless steel, varnished wood, textile/
Edelstahl, Holz, lackiert, Stoff

MZT & MZK
table & seat frames/Tisch & Sitzelemente
produced by/Produziert von NIN
stainless steel, massive pear wood/
Edelstahl, Birnenvollholz

Marie Rahm
Monica Singer
Mariahilfestrasse 9/7
A-1060 Wien
Tel. +43 699 1169 9096
Tel. +43 699 1115 6936
Fax. +43 1 524 05 31
office@polkaproducts.com
www.polkaproducts.com

polka

YOUR WORK IDEOLOGY//We are working as if we were dancing.
EDUCATION//University of Applied Arts, Vienna, Royal College of Arts, London.
HOW DO YOU SURVIVE // HOW DO YOU MAKE A LIVING // We live of our work.
WHAT DO YOU THINK OF AUSTRIA // Vienna is a good base for us, we enjoy the good quality of life and we have to work across borders anyway.
YOUR OPINION ON AUSTRIAN PRODUCTION//There are specialists that produce good quality products, but because of the size of our country there is little production in our area.
THE BEST THING ABOUT AUSTRIA // The coffee house culture.

EURE ARBEITSIDEOLOGIE //Wir arbeiten, als ob wir tanzen würden.
AUSBILDUNG //Universität für angewandte Kunst, Wien, Royal College of Arts, London.
WIE ÜBERLEBT IHR//WOVON LEBT IHR//Wir leben von unserer Arbeit.
WAS DENKT IHR ÜBER ÖSTERREICH// Wien eignet sich für uns gut als Stützpunkt, wir geniessen die Lebensqualität und mit unserer Arbeit müssen wir ohnehin über die Grenzen hinaus agieren.
WAS IST EURE MEINUNG ÜBER DIE ÖSTERREICHISCHE PRODUKTION // Es gibt Spezialisten, die in guter Qualität produzieren. Aufgrund der Größe des Landes gibt es für unseren Bereich wenig Produktion.
DAS BESTE AN ÖSTERREICH // Die Kaffeehauskultur.

CUT
light/Licht
Designer POLKA
heat resistent foil/Hitzebeständige Folie

AUDIO FURNITURE
Mauracher
on WHITE TATTOO
Page/Seite 400/401

WHITE TATTOO
sofa/Sofa
Designer POLKA
tattoo by/tätowiert von Gert Kowarzik
sports shoe leather, tattoed/Sportschuhleder, tätowiert

TATTOOBANK
bench/Bank
Designer POLKA
tattoo by/tätowiert von Gert Kowarzik
calf leather, natural, tattooed/Rindsleder, natur, tätowiert

MHT 01
handbag/Handtasche
produced by/Produziert von One – Telekommunikation GmbH
leather/Leder

angelika rümmele

rotario© glass in motion / since 2002

Angelika Rümmele
Atelier PINSELBURG
A-6850 Dornbirn

Tulpengasse 5
A-1080 Wien
Tel. +43 664 183 77 84
rotarioatelier@rotario-glass.com
www.rotario-glass.com

YOUR INSPIRATION//My large desire has been for a long time to drink best wines, whisky, liquor and water with fun without having fear of breaks of handles.
YOUR INVENTION//Rotario – glass in motion – handleless with style seduces all people to the ludic contact ritual at table. Who drinks gladly in the grass at the picnic, will be pleased with Rotario. It never falls down.
WHAT DO YOU THINK OF AUSTRIA// Good to be there, to leave and to be able to come back again.
2 INDISPENSABLE BRANDS FROM AUSTRIA // Die Angewandte, Manner

DEINE INSPIRATION // Mein großes Bedürfnis war seit langem, beste Weine, Whisky, Schnaps und Wasser mit Spaß zu trinken, ohne Angst vor Stielbrüchen zu haben.
DEINE ERFINDUNG// Rotario – glass in motion – stiellos mit Stil verführt alle Menschen zum spielerischen Berührungsritual bei Tisch. Wer gerne im Gras beim Picknick trinkt, wird sich mit Rotario freuen. Es fällt nie um.
WAS DENKST DU ÜBER ÖSTERREICH // Gut, dort zu sein, wegzugehen und zurück kommen zu können.
2 UNENTBEHRLICHE MARKEN AUS ÖSTERREICH // Die Angewandte, Manner

ROTARIO © GLASS IN MOTION
Red wine glass / Rotweinglas

ROTARIO © GLASS IN MOTION
schnaps glass / Schnapsglas

ROTARIO © GLASS IN MOTION
whiskey glass / Whiskeyglas

ROTARIO © GLASS IN MOTION
SINCE 2002
mouth blown, handmade /
mundgeblasen, handgeschliffen
100% crystal glass / Kristallglas

Carola Stabauer
Schönbrunnerstrasse 31/1/14
A-1050 Wien
Tel. +43 1 913 41 89
Fax. +43 1 913 41 89
carolastabauer@yahoo.de

carola stabauer
design studio

TWIST
bar stool/Barhocker
produced by/Produziert von Carola Stabauer/ Werner Skvara
aluminium, wool-felt/Aluminium, Wollfilz

DEFINE THE IDEAS AND CONCEPTS OF YOUR WORK // The furniture was created for factual rooms and playful people. Basically, each piece of furniture is a small room in a room.
I see design as interaction between clearly defined furniture with strong character and interpretable objects.
EDUCATION // Architecture studies at the University of Applied Arts Vienna.
FURTHER PROJECTS // Modifications of gastronomy and office buildings, one-family house.
HOW DO YOU SURVIVE // HOW DO YOU MAKE A LIVING // With architecture projects.

IDEEN UND KONZEPTE, DIE DEINE ARBEIT DEFINIEREN // Die Möbel wurden für sachliche Räume und verspielte Menschen entworfen. Im Wesentlichen ist jedes Möbel ein kleiner Raum im Raum.
Design ist für mich eine Interaktion zwischen klar definierten Möbeln mit starkem Charakter und interpretierbaren Objekten.
AUSBILDUNG // Architekturstudium an der Universität für angewandte Kunst Wien.
WEITERE PROJEKTE // Gastronomie- und Geschäftsumbauten, Einfamilienhaus.
WIE ÜBERLEBST DU // WOVON LEBST DU // Von Architekturprojekten.

AUDIO FURNITURE
Jeremiah
on3 FACES
Page/Seite 412/413

LOOP
couch table/Couchtisch
produced by/Produziert von Carola Stabauer/
Werner Skvara
black plate, varnished/Schwarzblech, lackiert

3 FACES
chair/Sessel
produced by/Produziert von
Carola Stabauer/ Werner Skvara
wool-felt, stainless steel/Wollfilz, Edelstahl

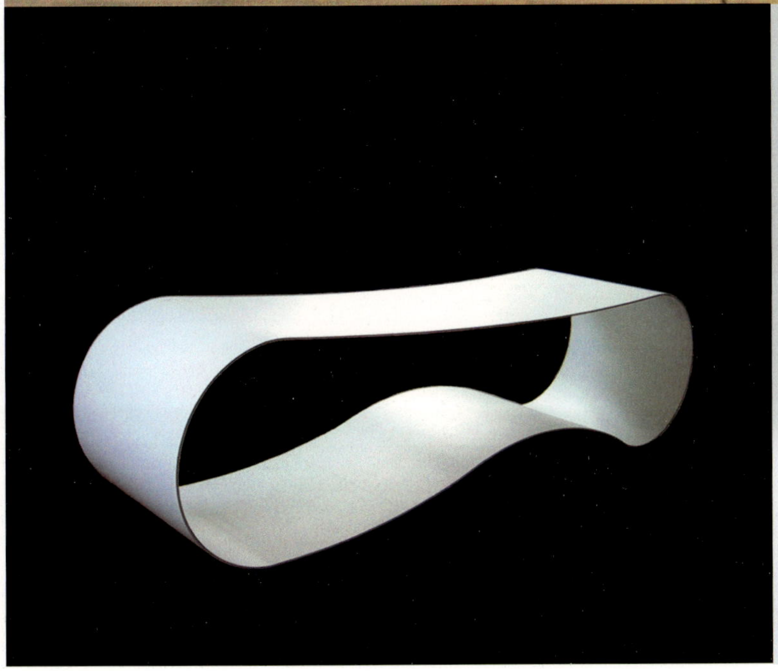

kai stania
product design

Kai Stania
Hietzinger Kai 205e
A-1130 Wien
Tel. +43 664 1046611
office@kaistania.com
www.kaistania.com

SWIING
Parkinson's training device/
Parkinson Trainingsgerät
produced by/Produziert von M&C Oswald
engineered by/Entwickelt von HARATECH
plastic, steel, cork/Kunststoff, Stahl, Kork

The photo shows a patented training device for Parkinson's sufferers. A specially prepared training program enables Parkinson's sufferers to release particularly by reciprocal harmonious swinging of these momentum bodies the blockades caused by the disease.

Das Foto zeigt ein patentiertes Trainingsgerät für Parkinsonkranke. Ein speziell ausgearbeitetes Trainingsprogramm ermöglicht Parkinsonkranken vor allem durch beidseitiges harmonisches Schwingen dieser Schwungkörper ein Lösen der durch die Krankheit entstandenen Blockaden.

INFLUENCES//Minimalism, sensualism, technology... in the field of tension between economics, function and aesthetics.
EMOTIONALITY//Behind each design there is a thought and a feeling – without scrolls and superfluous material.
FURTHER PROJECTS//Sports glasses, stacking chair, wineglass, bags, pens, watches, conference table system, one-family house...
HOW DO YOU SURVIVE//HOW DO YOU MAKE A LIVING//Design, design, design,...
5 INDISPENSABLE BRANDS FROM AUSTRIA//Mozart(kugel), Sachertorte, Wiener Sängerknaben, Spanish Hofreitschule, Manner
THE BEST THING ABOUT AUSTRIA//A „Melange" (viennese cappuccino, stands for melting pot) of tradition and modernity.
THE MOST NEGATIVE THING ABOUT AUSTRIA//It is not at the sea...

EINFLÜSSE//Minimalismus, Sinnlichkeit, Technologie... im Spannungsfeld zwischen Wirtschaftlichkeit, Funktion und Ästhethik.
EMOTIONALITÄT//Hinter jedem Entwurf steckt mindestens ein Gedanke, ein Gefühl – ohne Schnörkel und überflüssiges Material.
WEITERE PROJEKTE//Sportbrille, Stapelstuhl , Weinglas, Taschenserie, Füllfederserien, Armbanduhren, Konferenztischsystem, Einfamilienhaus....
WIE ÜBERLEBST DU//WOVON LEBST DU//Design, design, design...
5 UNENTBEHRLICHE MARKEN AUS ÖSTERREICH //Mozart(kugel), Sachertorte, Wiener Sängerknaben, Spanische Hofreitschule, Manner
DAS BESTE AN ÖSTERREICH//Melange der Kulturen zwischen Tradition und Moderne.
DAS NEGATIVSTE AN ÖSTERREICH//Es liegt nicht am Meer...

CR 10
stationery/Scheiberserie
produced by/Produziert von CERRUTI 1881
Aluminium

4TIME
watch/Armbanduhr
producer/Produzent LANVIN (2006)
steel/Stahl

MOUSECUP
espresso cup/Espressotasse
Designer Kai Stania
porcelain/Porzellan

Christian Susana
Marktstraße 37a
A-6850 Dornbirn
M. +43 650 200 40 72
christian.susana@formsache.co.at
www.formsache.co.at

christian susana

form finder

RIBBONCHAIR 004
chair/Stuhl
Designed by Christian SUSANA
polyamide/Polyamid

AUDIO FURNITURE
Panoptikum
on RIBBONCHAIR 004
Page/Seite 404/405

YOUR INVENTION//ribbonchair004
YOUR INSPIRATION//The time from 7 to 9 in the morning.
YOUR SLOGAN//What is not apparent does not appear.
HOW DO YOU SURVIVE//HOW DO YOU MAKE A LIVING//Self-employed.
IN HOW FAR DOES AUSTRIA ALLOW YOUNG TALENTS SCOPE//HOW MUCH SUPPORT DOES IT OFFER FOR YOUNG TALENTS//...Austria helps those who help themselves...
WHICH CONTRIBUTION DOES AUSTRIAN DESIGN MAKE ON A GLOBAL SCOPE//Austria's assets are material research and the development of new manufacturing technologies.
5 INDISPENSABLE BRANDS FROM AUSTRIA//Manner, Red Bull, Steyr Daimler Puch, Wolford, Zumtobelstaff

DEINE ERFINDUNG//ribbonchair004
DEINE INSPIRATION//Die Zeit von 7 bis 9 Uhr morgens.
DEIN SLOGAN//Was nicht augenscheinlich ist, scheint nicht.
WIE ÜBERLEBST DU//WOVON LEBST DU//Selbstständig.
INWIEFERN LÄSST ÖSTERREICH DEN JUNGEN TALENTEN SPIELRAUM UND UNTERSTÜTZT DIE ENTWICKLUNG JUNGER TALENTE//...hilf dir selbst, dann hilft dir Österreich...
WELCHEN BEITRAG TRÄGT ÖSTERREICHISCHES DESIGN GLOBAL GESEHEN//Österreichs Stärken sind die Materialforschung und die Entwicklung neuer Fertigungstechnologien.
5 UNENTBEHRLICHE MARKEN AUS ÖSTERREICH//Manner, Red Bull, Steyr Daimler Puch, Wolford, Zumtobelstaff.

TANNINGBED TIMELESS
sunbed/Solarium
design for/Design für „Wellness Group Belgien“
Corian, wood/Corian, Holz

HWM HUMANWASHINGMACHINE
Whirlpool
Designed by Christian Susana
plastic/Kunststoff

ELEMENTWATCH
watch/Uhr
Designed by Christian Susana
polyamide/Polyamid

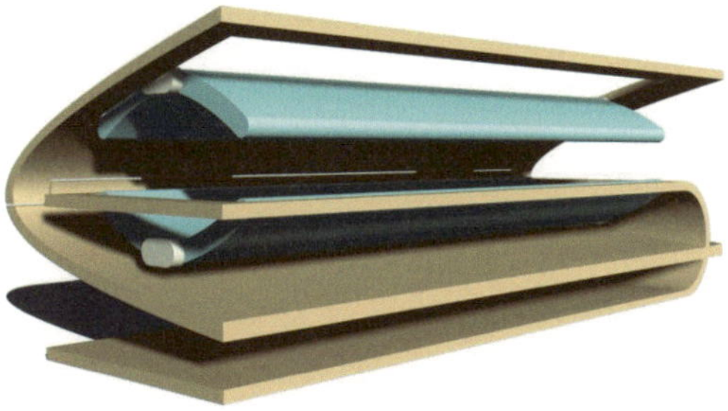

MULTIFUNKTIONALE KÜCHENBAR
flexible kitchen bar/Flexible Küchenbar
Designer Christian Susana
Corian

Katharina Mischer
Thomas Traxler
Tel. +43 650 369 25 87
thomas_traxler@hotmail.com
katharina_mischer@hotmail.com

traxler/mischer
design studio

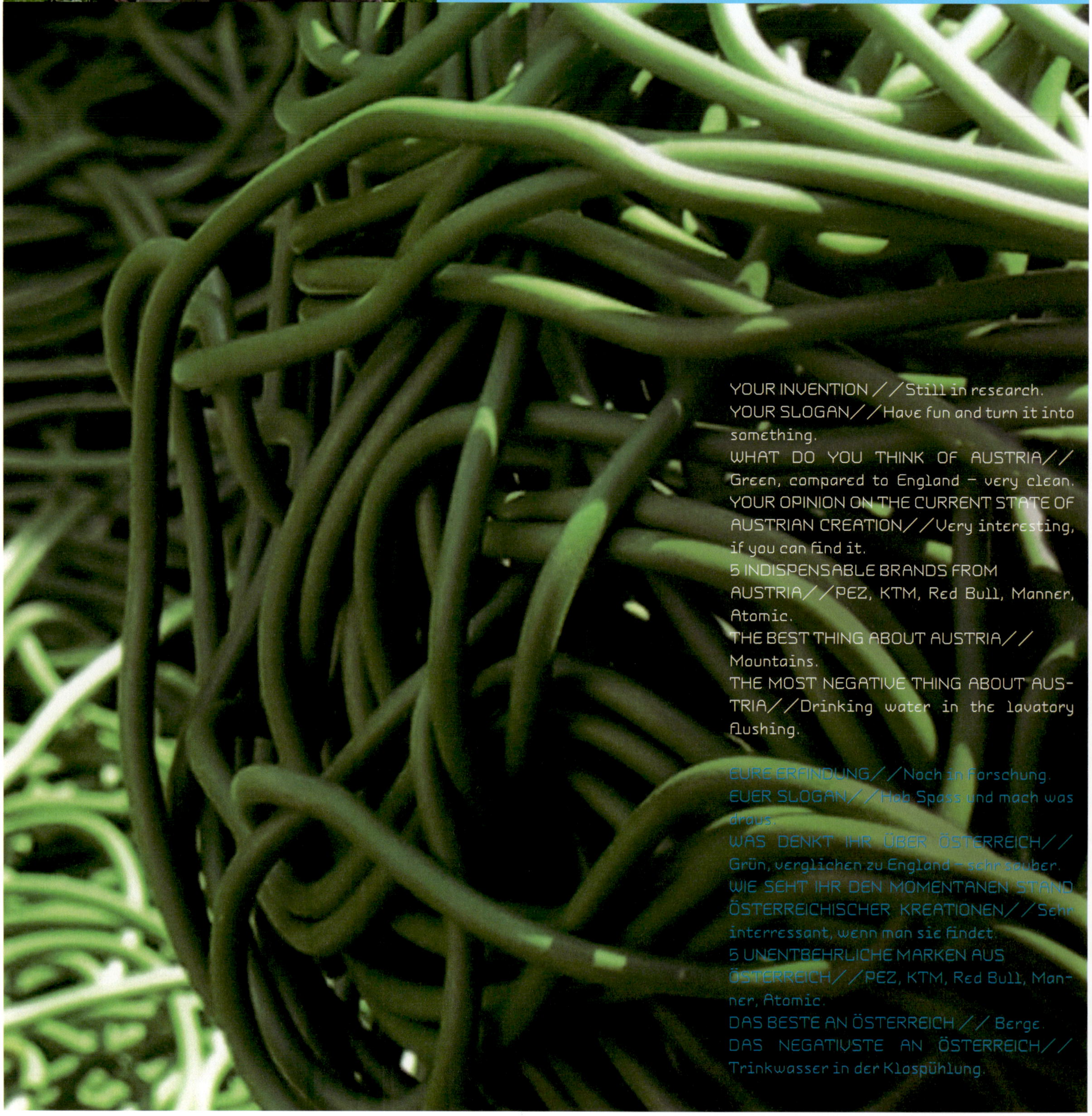

YOUR INVENTION//Still in research.
YOUR SLOGAN//Have fun and turn it into something.
WHAT DO YOU THINK OF AUSTRIA//Green, compared to England – very clean.
YOUR OPINION ON THE CURRENT STATE OF AUSTRIAN CREATION//Very interesting, if you can find it.
5 INDISPENSABLE BRANDS FROM AUSTRIA//PEZ, KTM, Red Bull, Manner, Atomic.
THE BEST THING ABOUT AUSTRIA//Mountains.
THE MOST NEGATIVE THING ABOUT AUSTRIA//Drinking water in the lavatory flushing.

EURE ERFINDUNG//Noch in Forschung.
EUER SLOGAN//Hab Spass und mach was draus.
WAS DENKT IHR ÜBER ÖSTERREICH//Grün, verglichen zu England – sehr sauber.
WIE SEHT IHR DEN MOMENTANEN STAND ÖSTERREICHISCHER KREATIONEN//Sehr interressant, wenn man sie findet.
5 UNENTBEHRLICHE MARKEN AUS ÖSTERREICH//PEZ, KTM, Red Bull, Manner, Atomic.
DAS BESTE AN ÖSTERREICH // Berge.
DAS NEGATIVSTE AN ÖSTERREICH//Trinkwasser in der Klospühlung.

WETTERFEST
garden furniture/Gartenmöbel
Designer Thomas Traxler, Katharina Mischer
steel grid, electric garbage/Baustahlgitter, Elektrokabelschrott

GAMMA
rollable chair/einrollbares Sitzmöbel
Designer Thomas Traxler
PS, Guttagena, velcro/PS, Guttagena, Klettverschluss

Wolfgang Ure
Czerningasse 17
A-1020 Wien
T. +43 1 212 30 48-0
F. +43 1 212 30 48-28
www.ure.at

wolfgang ure
schwere ausstattung

AUDIO FURNITURE
Bassman
on STUHL-03
Page/Seite 392/393

YOUR SLOGAN // Your personal solution.
FURTHER PROJECTS // Two children, my partner.
HOW DO YOU SURVIVE // HOW DO YOU MAKE A LIVING // From those who buy my furniture.
YOUR OPINION ON THE CURRENT STATE OF AUSTRIAN CREATION// A lot of hidden talents.
THE BEST THING ABOUT AUSTRIA//The conviviality.
THE MOST NEGATIVE THING ABOUT AUSTRIA//The conviviality.

DEIN SLOGAN // Die Persönliche Lösung.
WEITERE PROJEKTE // Zwei Kinder, meine Partnerin.
WIE ÜBERLEBST DU // WOVON LEBST DU //Von denen, die meine Möbel kaufen.
WIE SIEHST DU DEN MOMENTANEN STAND ÖSTERREICHISCHER KREATIONEN //Viele verborgene Talente.
DAS BESTE AN ÖSTERREICH //Die Gemütlichkeit.
DAS NEGATIVSTE AN ÖSTERREICH // Die Gemütlichkeit.

STUHL-03
chair/Stuhl
produced by/Produziert von Wolfgang Ure/Wammes
stainless steel, material/Edelstahl, Stoff

KÜCHE-W4
kitchen / Küche
produced by / Produziert von Wolfgang Ure
stainless steel, laminate / Edelstahl, Laminat

COUCHTISCH-01
couch table / Couchtisch
produced by / Produziert von Wolfgang Ure
steel, glass / Stahl, Glas

REGAL-W02
shelf / Regal
produced by / Produziert von Wolfgang Ure
steel, glass / Stahl, Glas

LADENSCHRANK
cabinet with drawers / Ladenschrank
produced by / Produziert von Wolfgang Ure
stainless steel, glass coated / Edelstahl, Glas beschichtet

Karl Emilio Pircher
Fidel Peugeot
Rasumofskygasse 10
A-1030 Wien
Tel. +43 1 713 24 84
Fax +43 1 713 24 84 39
contact@walking-chair.com
www.walking-chair.com

walking-chair
design studio

WALKING CHAIR
walking chair / Gehstuhl
produced by / produziert bei
Walking-Chair Design Studio GmbH
plastic, diverse materials /
Kunststoff, diverse Materialien

DEFINE THE IDEAS AND CONCEPTS OF YOUR WORK //
We make things and songs.

IDEEN UND KONZEPTE DIE EURE ARBEIT DEFINIEREN //
Wir machen Dinge und Songs.

AUDIO FURNITURE
Waxolutionists
With PING MEETS PONG
Page / Seite 402 / 403

PING MEETS PONG
conference & ping-pong table / Konferenz- & Pingpongtisch
produced by / Produziert bei Kunstdünger OHG & CO
powder coated steel legs, melamine covered table top /
Pulverbeschichtete Stahlbeine, melaminbeschichtete Tischplatte

COLORSPLASH
camera/Kamera
produced by/Produziert von
Lomographische AG
diverse materials/Diverse Materialien

SUPERSAMPLER
camera/Kamera
produced by/Produziert von
Lomographische AG
Diverse materials/Diverse Materialien

above/oben

BOTTLEBOY
wardrobe system/Garderobesystem
produced by/Produziert von
Walking-Chair Design Studio GmbH
plastic/Kunststoff

below/unten

HIGH & LOW HEEL
shoes/Schuhe
produced by/Produziert von secret
secret/Geheim

MESSAGE PEOPLE
communication tool/Kommunikationswerkzeug
produced by/Produziert von
Kunstdünger OHG & Co
stainless steel/Edelstahl

will/leopold

Johannes Will
Ferdinandstraße 11/2/34
A-1020 Wien
Tel. +43 676 935 2338
johannes@willl.at
www.willl.at

Bernd Leopold
Volkertstraße 17/30
A-1020 Wien
Tel. +43 660 657 4954
berndleopold@aon.at

INFLATE
lamp/Lampe
produced by/Produziert von Willl
high density polypropylene, spinnaker nylon, steel/Polypropylene, Spinnakernylon, Stahl

YOUR WORK IDEOLOGY//Discursive loops orbit the topic until the precision landing.
YOUR SLOGAN//We make emotions (in) concrete.
WHAT DO YOU THINK ABOUT AUSTRIA//The universal idea of an artist is still very immanent. Again and again exciting cross-over activities result from it between the different creative scopes.
YOUR OPINION ABOUT AUSTRIAN PRODUCTION//High consciousness of quality.
THE BEST OF AUSTRIA//Extraordinarily wide accessibility to people, institutions, places and living areas.
THE MOST NEGATIVE OF AUSTRIA//Not to be conscious of the own qualities and possibilities.

EURE ARBEITSIDEOLOGIE//Diskursive Schleifen umkreisen das Thema bis zur Punktlandung.
EUER SLOGAN//Wir betonieren die Emotionen.
WAS DENKT IHR ÜBER ÖSTERREICH//Der universelle Künstlergedanke ist nach wie vor sehr immanent. Daraus resultieren immer wieder spannende grenzgängerische Aktivitäten zwischen verschiedenen Schaffensfeldern.
WAS IST EURE MEINUNG ÜBER DIE ÖSTERREICHISCHE PRODUKTION//Hohes Qualitätsbewusstsein.
DAS BESTE AN ÖSTERREICH//Außerordentlich breite Zugänglichkeit zu Menschen, Institutionen, Orte und Lebensfelder.
DAS NEGATIVSTE AN ÖSTERREICH//Sich nicht der eigenen Qualitäten und Möglichkeiten bewusst sein.

WIND INFORMATION CENTRE/
WINDINFOZENTRUM PRELLENKIRCHEN
folded exibition wall/ Geknickte Ausstellungswand
Designer WILL/LEOPOLD
steel planked with wood/ Stahl mit Holz beplankt

WIND INFORMATION CENTRE/
WINDINFOZENTRUM PRELLENKIRCHEN
atmospheric monitor/ Atmosphären Monitor
Designer WILL/LEOPOLD
steel, monitor/ Stahl, Monitor

HALL OF FAME

EMINENT COMPANIES

Award/Preis // Designer / Product/Produkt

BENE
IF Design Award, 1999 // DESIGNER Kai Stania / AL_GROUP
Red dot for high design quality/Red dot für hohe Designqualität, 2000 // DESIGNER Bene Design / LIFT TABLE
Red dot for ‚high design quality'/Red dot für hohe Designqualität, 2001 // DESIGNER Christian Horner, Johannes Scherr, Kai Stania / FOLDING_COM TABLE
Red dot for ‚high design qual-ity'/ Red dot für hohe Designqualität, 2001 // DESIGNER Christian Horner, Kai Stania / M_COM TABLE
Innovation prize for ‚architecture and office' from the magazines AIT, ABIT und Intelligente Architektur/Innovationspreis ‚Architektur und Office' der Zeitschriften AIT, ABIT und Intelligente Architektur, 2002 // DESIGNER Kai Stania / AL_GROUP
Red dot for high design quality/Red dot für hohe Designqualität, 2003 // DESIGNER Kai Stania / AL_GROUP
Red dot for 'best selection'/Red dot für die beste Auswahl, 2003 // DESIGNER Johannes Scherr / COFFICE
Adolf Loos Design-State-Award/Adolf Loos Staatspreis Design // DESIGNER Johannes Scherr / K2 CADDY
Innovation prize 'architecture and office' of the magazines AIT, ABIT and Intelligent Architecture in the category of 'product with a high architectonic quality'/Innovationspreis ‚Architektur und Office' der Zeitschriften AIT, ABIT und Intelligente Architektur in der Kategorie ‚Produkte mit hoher architektonischer Qualität', 2004 // DESIGNER EOOS / FILO

CONCRETO
‚Holzart', 1st prize/1. Preis, 2004 // DESIGNER Ebner / WASCHTISCH

HUSSL
‚Die Auswahl*' Austria´s best furniture/Die Auswahl* Österreichs beste Möbel // DESIGNER Arge 2 / ST3, ST6

MÜHLBÖCK
Wohndesign Award, 2004 // DESIGNER Martin Mühlböck / MÜHLBÖCK-KÜCHE TYP 4.2

SCHMIDINGERMODUL
Austrian State Award for 'Gestaltendes Handwerk'/Österreichischer Staatspreis für Gestaltendes Handwerk, 1996 // DESIGNER Helmut Galler/ LADIE´S DESK

SUNSQUARE®
Austrian State Award for Design/ Österreichischer Staatspreis für Design, Mercur, WKO, 1996 // DESIGNER Gerald Wurz / SUNSQUARE®

TEAM 7
Red dot for 'highest product design' Red dot für herausragendes Produktdesign, 2005 // DESIGNER Martin Ballendat / MAGNUM Tisch

VITEO
Spoga Innovation prize/Spoga Innovationspreis, 2004 // DESIGNER Wolfgang Pichler / SWING

WIESNER-HAGER
Red dot for 'high design quality'/ Red dot für hohe Designqualität // DESIGNER Martin Ballendat/ FLOAT process e_station

ZUMTOBEL STAFF
Red dot for 'high design quality'/Red dot für hohe Designqualität, 2003 // DESIGNER Sottsass Associati / LIGHT FIELDS
If design award, 2004 // DESIGNER Sottsass Associati / LIGHT FIELDS
Red dot for 'high design quality'/Red dot für hohe Designqualität // DESIGNER Rupert Kopp von Greige / EVIO
If design award, 2005 // DESIGNER Rupert Kopp von Greige / EVIO
If design award, 2005 // DESIGNER Ingenhoven and Partner Architects / FREELINE
If design award, 2003 // DESIGNER Matteo Thun/ LUXMATE EMOTION

ABEL GERHARD
Adolf Loos Design-State-Award, acknowledgement/Adolf Loos Staatspreis Design, Anerkennung , 2003 // DESIGNER Gerhard Abel / WEICHES LICHT

BECHTER GEORG
3rd prize at the competition ‚Handwerk und Form' /3. Preis ‚Handwerk & Form', 2001 // DESIGNER Georg Bechter / WOOROCK

BEREUTER MARTIN
Mention at the competition ‚Handwerk und Form' /Auszeichnung ‚Handwerk und Form', 2003 // DESIGNER Martin Bereuter / HALBEWAHRHEITGANZEWAHRHEIT

BKM
1ST Caiazza Memorial Challenge International Design Competition, Udine, Italien/Internationaler Design Wettbewerb, Udine, Italy, 2004 // DESIGNER bkm / FALB
Adolf Loos Design-State-Award for experimental design, acknowledgement/Adolf Loos Staatspreis für experimentelles Design, Anerkennung , 2003 // DESIGNER Herbert Klamminger, bkm / BUCHHALTER

DESIGN BY F MAURER
ADEX Awards, New York, 2005 // PRODUCER Mono / CONCAVE
Design plus, 2005 // PRODUCER Mono / CONCAVE
Red dot for 'high design quality'/Red dot für hohe Designqualität, 2005 // PRODUCER Mono / CONCAVE

DÜR
Acknowledgment at the competition 'Handwerk und Form', Werkraum/Anerkennungspreis ‚Handwerk und Form', Werkraum // DESIGNER Robert Rüf / bench, stool/ Bank, Hocker

EOOS
Compasso d'Oro, 2004 // PRODUCER Matteograssi / KUBE
Adolf Loos Design-State-Award/Adolf Loos Staatspreis Design, 2001, 2003 // PRODUCER Montana / SWEETWOOD
Austrian State Award for Design/ Österreichischer Staatspreis für Design, 2003 //PRODUCER Montana / SWEETWOOD
„Red dot for highest design quality, best of the best" 2004 // PRODUCER Walter Knoll / TOGETHER
International design prize in silver/ Internationaler Designpreis in Silber, Design Centre Stuttgart ‚Focus in Silber', 2004 // PRODUCER Walter Knoll / TOGETHER

Innovation prize ‚architecture and office' of the magazines AIT, ABIT and Intelligent Architecture, 2004 //Innovationspreis ‚Architektur und Office' der Zeitschriften AIT, ABIT und Intelligente Architektur, 2004// PRODUCER Bene, Feilhauer / FILO
International Design Prize/Internationaler Design Preis, Fiera di Genua, 2004 // PRODUCER Matteograssi / KUBE

GUGGENBICHLER DESIGN
Design for Europe, special mention/ ausgezeichnet, 2002 // DESIGNER Guggenbichler Harald / ALUMINIUM-FURNITURE

MOSTBÖCK MARTIN
1st prize of a competition/Erster Wettbewerbspreis // PRODUCER Braun-Lockenhaus / GARCIA

MUTSCH RAINER
Designboom award, 2002 // DESIGNER Rainer Mutsch / ROCKING CHAIR

WALKING-CHAIR
DesignPlus Award 2003
ISPO BrandNewAward 2004

Contact / Kontakt

Shop furniture / Ladenbau

Bath / Bad

Die Österreichische Möbelindustrie
Fachverband der Holzindustrie Österreichs
austrian furniture industry
Association of the Austrian Wood Industries

Schwarzenbergplatz 4, P.O.B. 123,
A-1037 Vienna

Phone: +43/1/712 26 01-24
Fax: +43/1/713 03 09

office@moebel.at
www.moebel.at

Markus Wiesner
Vorsitzender der Österreichischen Möbelindustrie
Chairman of the austrian furniture industry

Erwin Berghammer
Vorsitzender-Stv. der Österreichischen Möbelindustrie
Vice-chairman of the austrian furniture industry

Dolunay Yerit
Referentin der Österreichischen Möbelindustrie
Director of the austrian furniture industry

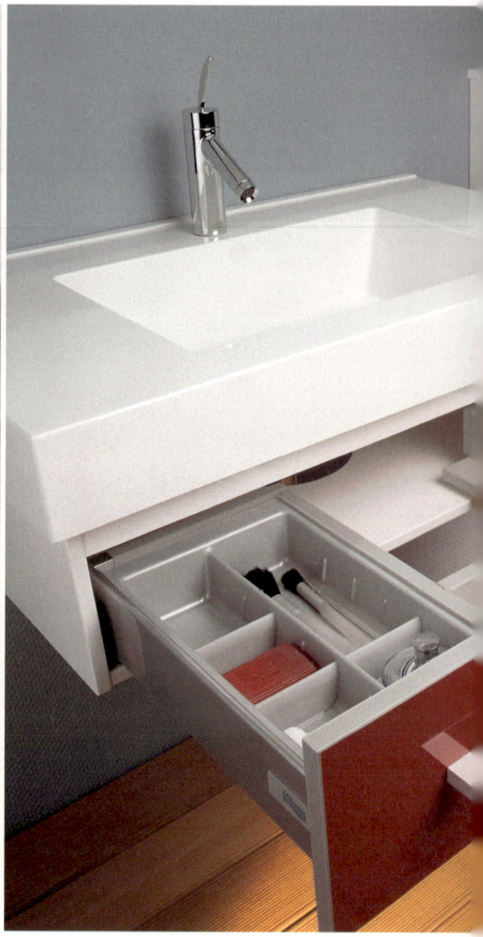

austrian furniture industry

en / Küche

Office / Büro

Living / Wohnen

österreichische Möbelindustrie ist ein
. des Fachverbandes der Holzindustrie
:rreichs. Wir fungieren als Serviceplatt-
ı für unsere Mitglieder und sehen uns
nformationsquelle für alle, die sich für
rreichische Möbel interessieren.

österreichischen Möbelindustrie zählen
etriebe mit ca. 10.500 Mitarbeitern. Der
luktionswert der gesamten Möbelbranche
im Jahr 2003 bei rund 2 Mrd. Euro.

luktqualität und ökologische Verant-
:ung haben für uns oberste Priorität:
verwenden hochwertige, natürliche Roh-
'e, gehen sorgfältig mit den Materialien
nd erfüllen hohe Umweltstandards.

Im Design steht für uns Harmonie im Mittelpunkt: Unsere Möbel haben eine schöne Form, erfüllen ihre Funktion und sprechen die Sinne an. Durch gediegenes Handwerk und präzisen Einsatz modernster Technologie erzeugen wir Möbel, die durch ihre Langlebigkeit viele Jahre Freude machen.

The austrian furniture industry is a branch of the Association of the Austrian Wood Industries. We serve as a platform for our members and as a source of information for all who are interested in Austrian furniture.

The platform of the austrian furniture industry comprises 70 businesses which employ some 10,500 staff. They represent a branch of Austrian trade and industry worth some 2 bn EUR in 2003.

Product quality and ecological responsibility are of highest priority for our member enterprises. They use natural raw materials of high quality, treat those materials very carefully and fulfil high environmental standards.

As far as the design of furniture is concerned, harmony is the most important aspect for our members: their furniture are of beautiful shape, functional and of attractive appearance. With the help of a solid knowledge of the furniture production and the exact use of the most modern technology, our member enterprises produce furniture that give pleasure to the customers for many years because of their longevity.

„Design also has to work“

„Design muß auch funktionieren“

„Bitte berühren – Design zum Anfassen“

Was die guten Clubs der Wiener Szene für DJs sind, ist „das möbel“ für die Emerging-DesignerInnen dieser Stadt: ein Ort an dem Design unter die Menschen kommt, die Stimmung bestimmt und zum Austausch anregt.
„das möbel“ bietet jungen DesignerInnen die Möglichkeit, ihre Entwürfe und Produkte zu präsentieren.
Die Kunden können in diesem verlängerten Wohnzimmer, bei einem guten Kaffee oder einem kühlen Bier, vom Eierbecher bis zum Himmelbett vor einem Kauf alles nach Lust und Laune ausprobieren.
Doch nicht nur das: „das möbel“ organisiert auch Design Events und verbreitet sein Netzwerk im internationalen und virtuellen Raum – mit Katalog und Shop im Internet.

das möbel promotes living culture

design platform - shop - coffeehouse

100% usable exhibition for interior design

das möbel fördert wohnkultur

designplattform - shop - kaffeehaus

100% benutzbare Ausstellungsplatform für Interior Design

"Please touch - design made for touch"

What the hip clubs are for the DJ scene in Vienna, is "das möbel" for the emerging designers of this town: a place where design is made public, that creates a specific atmosphere where the exchange of ideas is stimulated. "das möbel" offers young designers the unique possibility to present their designs and products to a broad public.
In this extended living-room potential customers can try a wide range of products from an eggcup to a four-poster as often as they like before actually buying them, whilst enjoying a good cup of Viennese coffee or a cool beer.
And on top of that, "das möbel" also organises international design-events and spreads its networking activities in the international and virtual space – by means of an internet-based catalogue and shop.

Burggasse 10
A - 1070 Vienna Austria
mail@dasmoebel.at
www.dasmoebel.at

audio furniture

furnish your ear

austroaudiosessions
soundtrack
of the pure austrian design book

Today design is mainly computer-aided. Hundreds of hand drawn sketches, which a few years ago used to pile up on the tables of top designers, have been replaced by rendered CAD designs and 3D-grid-models. The contemporary design culture is associated closely with information technology.

Electronic music has been generated by samplers and computer sequencers. Bass riffs and rhythmic structures are lined up by means of "copy and paste", "fade out", "loop", "fade in", "envelope" and "naturalize". In other words: Electronic music is design culture as well. Electronic music culture is closely connected to a deejay and night club culture, especially since disco music has been submitted to new production processes and transformed into house and techno. DJs are indicators of what is happening on the dance floors. They redesign already existing pieces of music and create remixes, which are optimized for the crowds in the clubs ready to move their legs on the dance floors.

In order to complete "Pure Austrian Design", which represents an up to date collection of Austria's design culture, with a soundtrack on CD, we started to research into the Austrian design music. It was not hard to get the information we needed, as the Austrian music industry is mostly based in Vienna. It was rather difficult to select fifteen tracks among the creative output of the past one and a half years which should comply with the two following functions: to represent the Austrian electronic music sector news, and to gather the elements which make the soundtrack that accompanies the book "Pure Austrian Design" and supplements the attempt to portrait Austria's design culture by the sensation of hearing.

Furniture arranges space and music furnishes the ear. There are fifteen selected sonorous pieces of furniture created by audio carpenters, scarcely 78 minutes long, or 4.677 seconds of design sound for 432 pages of design culture. Curtain up!

Spherical sound surfaces and percussion snippets make spaces grow and let the horizon move further into the distance. The saxophone of Helmut Neugebauer aka Lop:Nor. Colourful sounds and discreet rhythms come out of the drum'n'bass corner and fly over smooth breakbeats. Electronics are mixed with virtuoso instrumental music. Helmut Neugebauer has ranged from jazz to electronics for a long time, which has been demonstrated in several live and studio projects along his life as a musician. "Eclipse" is called the piece of prelude of "Audio Furniture", which also is the starter on Lop: Nor's album "41°30'N 88°30'E". Lunar eclipse or sunrise, form your own opinion. A rich sound universe and music to immerse makes you want to hear more anyway. Fortunately , the journey has only just begun.

Percussive sounds in the echo room, which trail off in the width and above all the sensual and angelic voice of Zeebee. The wooded areas of Vorarlberg, where Zeebee lives, are not far away from dark grey backyard scenarios of Berlin, from where bass rhythm lines, which underlie the Race's new album, may emerge. In Vorarlberg the air is still cleaner, as clear as mountain water, like the voice of Zeebee, who works with musicians all over the world, partly also via the Internet. Zeebee's most recent album "Chemistry" also demonstrates the success of this complex working method, where she adds her own personal touch to the stylistically different songs with her unmistakable voice. The chemistry connects everything again.

Karl Moestl is known for his legendary productions with Uwe Walkner, who is also based in Vienna. Moestl gives us twisted tenderness with his song "Caresse Negresse". Though his music has already a sexy sound through his always groovy downbeat tracks and his driving drum'n'bass beats, the smooth deep voice of Pauline Marcelle makes the sound of this song even sexier. "Caresse Negresse" belongs to the fine selection which found its way on Karl Moestl's current solo album "Touching This". The musical tendernesses come on a warm soul tip, underlaid with flutes and guitars, which spread out horizontally into the distance certainly pretending not to be stylistically classified at all.

The Tyrolean Johannes Strobl alias "Bassman", who lives already quite a while in Berlin, creates music with infatuating effects. There is a pull with minimum deflexion. His recent album is called „Minimal Distraction" and includes "Play", the track represented on this compilation. Complex soundscapes appear through energetic melodies and the strong use of echo resonance; their atmospheric density shows a spatial proximity to the father of British ambient music Brian Eno. Beside his solo project "Bassman" for dub electronics, Johannes Strobl plays a key role in "Paloma" and is also striking new paths with Sam Auinger under the moniker "Tam Tam", on which he gives himself over to exploring soundscapes with big excitement for new experiments.

The main emphasis of the next track by audio carpenter Albanek is also the soundscape. After an atmospheric intro that expands into the depth three-dimensionally, the melancholic smooth voice of singer Pollard levels the space. With his discreet beginning followed by slowly increasing warm house rhythms he induces our ears to dancing. In "Shade of Blue", which is the title track of the homonymous album, Albanek shows his subtle understanding of the colour blue, that he extends on other tracks of the album in delicate to fragile arrangements with completely varying rhythms. A blue soundtrack.

Basic Channel's vocalist Tikiman, who is another representative of black soul singing, presents in "Stand Up" Jamaica-styled lyrics straight out of echo country. They lie over the heavy reverb melodies by Stereotyp, who on his part turns the slide controls and knobs of his real 70's tape delay devices in his studio den in the midst of Vienna 's 18th district, so as to create exactly these spaces which define his unmistakable interpretation of dub and reggae. Where there is dub fire, there is smoke, causing waves, which trail away in the endless widths of echo world. So sexy can the sound of dub from Vienna be, and Stereotyp is one of the big names.

"Avalon" by Forms of Plasticity is the evidence of the musical versatility, which these four Viennese hipsters show on their last album "Fip Fop". They strike paths which rather reveal openness beyond puristic jazz standards by even putting their own compositions through the electronic remix mill. Singer Agnes Heginger lends this piece with her voice sufficient puzzling abstraction, so that it - "lost in space" - would not even pretend to position itself somewhere outside the mists of Avalon, if a 60's organ did not merge with warm rhythms spotted somewhere between Sao Paulo and Istanbul, i.e. in Vienna, to be exact. In an easy bossa style comes the remix from the hands of two sound fiddlers called Dzihan & Kamien, who leave their deep imprints on the songs they tackle in their experienced manner distinctive for connaisseurs, .

Twinkle-toed bossa arrangements are the basis for Hubert Mauracher's "Noonee", too. On his latest album "29 Degrees", he spreads a musical spectrum enriched with soundtrack elements, which could arise from films out of the 60's and 70's. A hot blend of futuristic jazz snippets and bongo grooves lifts the ambient temperature on at least 29 degrees. By some degrees cooler than the original comes this version of "Noonee" in the distilled mix by Seelenluft, who instead lends this piece still more dramatic soul and lets the femme fatale, celebrated by the singer M'Cinoc, never express what she does in the original and, however, it will not be revealed in this version. The English language cannot sound more nonchalant from a francophonic mouth, all nasals included.

Eclectically elegant: The urban Hip Hop of the Waxolutionists from Vienna. Bionic Kid, Buzz and Zuzee, three youngsters from the city of the Viennese "Hendl" (broiler), whose Hip Hop could not be fatter and more laid back. It sounds above all, as if they were in the music biz for more than ten years, what is probably not only due to the one thousand slide controls and knobs of the Apek mixer of Waxolutionist Buzz. On "Roll with the Punches" the guys get massive support from the voice of Brit-rapper Ty, who throws in his two soulful pennies worth rap hitting it big, in pure urban style. All together makes a waxolution, which still provides many different ingredients to be experienced on their highly praised album "Counter Fight". Vienna - London - Vienna. Big city rules!

Now it's time for jazz! The Panoptikum-mix by the Viennese Tom and his German mate Marc Frank, who lives on Tom's roots in Bavarian-Swabian Augsburg, shows the whole eclectic range, which is state of the art in the Nu-Jazz electronic department today. The remix of "Balkan Express", the 70's-bigband gem of Zagreb's radio and television orchestra, could relocate Telly Savalas into the streets of Zagreb. It manifests both the passion for digging obscure jazz rarities and the creativity, which is inherent in this duo of musicians and DJs completely committed to jazz and soul. They pave danceable floors on the jazzy side of the street with diverse projects - worldwide.

This one is on the jazz tip again, but the beats come straight out of the solid house corner. The Turkish Viennese Cay Taylan, who - as he demonstrates on his stylistically versatile album "Su" - who likes to search the oriental music scene for useful samples, has delivered with "Dalaaqui" a track, that stimulates everyone to dance, even the ones who preferred to stay on a cosy couch so far. The freestyling Mr. Nice Guy Taylan is also a man of jazz who digs the right crates to give "Dalaaqui's" driving beats an elegant jazzy touch. Istanbul goes Chicago, but in Vienna.

Perfect follow-up track is Parov Stelar's swing number in a house guise "Brisky Business": Samples from the "Hot jazz" of the swing era, "Cool jazz" and Bebop are paired with handy house beats and form an eclectic blend mixed by someone who squints at the dance floor. "Brisky Business" is dance floor business, supplied with original sound snippets out of the film noir era from the 40's: Fred Astaire and Ginger Rogers in disco fever, Edward G. Robinson and Lauren Bacall watching them each with sinister and lascivious eyes.
This is only a part of a universe in black-and-white, which was created for the dance floors. Parov Stelar's album "Rough Cuts" also reflects it through rich shades and also through much quieter tones.

Heinz Tronigger and „Pogo" Kreiner, the Viennese Spain aficionados from Madrid de los Austrias, and Dr.Rich aka Dorfmeister deliver with "Valldemossa" a track, which transports the easiness that constitutes this song. It was arranged under the most pleasant conditions in Valldemossa, in Mallorca. They do not tie much to the musical past of the place where Frédéric Chopin and his life companion George Sand used to recover, already at that time, from the 19th century stress of Paris. The spirit still comes up well, as it is also possible to create music between a half 25-meters lane swimming pool and a cool caipirinha. This music appeals to the sought-after summer feelings and makes you smell mediterranean pine tree fragrance. Even if the singing seems to be rather siren choir-like, blown over from Brazilian Copacabana, at least in the original version. The "Pele mix" is more dance-floor-oriented and therefore more reduced. "Valldemossa's" funk is not only for soccer player's legs.

Here is someone digging more deeply in the soul, someone who is in the know: Jeremiah. He is a jack-of-all-trades and a tasteful ambassador of house music in Vienna. With "Moves!" he is exactly where he prefers to be: on the search for the alchemistic blend necessary to kick a body to dance. A good pinch of soul, which - supported by the driving rhythms of elegantly deployed bongos - is to hit exactly where it should: in the depths of the soul and in the body region pelvis downwards. Deep house is here to stay and there is much to say about it in the house of "Coiner's Den", the "handmade" label of DJ and producer BTO-Spider which brings pressed, handmarked treasures in small editions on vinyl among the fastidious dance crowd. Jeremiah, who has had a long set of publications, creates dance music that is easy and worth to listen to.

To find the right moment at the right place, is probably not easy. Matthias Kertal and Simon Nola from Mika have been already affirming for quite a while to have exchanged their plastic men from the children's room against genuine instruments. The playful joining of melodies and swapping of different instruments finally led to Mika and their music, which does not necessarily like to decide between tracks and songs. It tries to catch moods and moments. If this happens at the right time at the right place, you have reached what you wanted. "Right time, right place" is the title of the piece of music, too, which brings this compilation to a worthy termination. After the guitar noise fills the room, which seems to reformat all the audio bits heared so far, a sweet little melody suddenly grows in the right moment, rising like a Phoenix from an electronic ash. This is music from the playroom, grown adult.

audio furniture

möbliere dein ohr

austroaudiosessions
soundtrack
zum pure austrian design buch

Design entsteht heutzutage hauptsächlich am Computer. Die Berge von Hand gezeichneter Entwurfsskizzen, die noch vor gar nicht so vielen Jahren die Tische emsiger Entwerfer säumten, sind ersetzt durch gerenderte CAD-Zeichnungen oder 3D-Gitter-Modelle, die zu Hunderten ausgedruckt, ebenfalls die Tische emsiger Entwerfer säumen. Zeitgenössische Designkultur ist eng mit dem Medium des Informationszeitalters verwoben.

Elektronische Musik ist Musik, die heutzutage mit Sequencer-Programmen und Samplern am Computer komponiert und arrangiert wird. Bassläufe und rhythmische Versatzstücke werden mittels „Copy and Paste" aneinandergereiht. Es wird „geloopt", „eingefadet", „ausgefadet", „enveloped" und „naturalized". Auf Deutsch: Elektronische Musik ist also – um beim einleitenden Gedankengang zu bleiben – ebenfalls Designkultur. Elektronische Musikkultur ist spätestens seit den Tagen, als Discomusik sich den neuen Produktionsprozessen unterwarf und sich langsam aber sicher in House und Techno verwandelte, eng mit einer damit einhergehenden DJ- und Clubkultur verwoben. DJs sind Gradmesser für das, was auf den Tanzflächen passiert. Als solche „designen" sie bereits bestehende Musikstücke neu, um sie als für die Tanzfläche optimierte Remixe der begierigen Menge im Club vor die Tanzbeine zu werfen.

Mit dieser Erkenntnis im Gepäck und der Idee, das Konzept des Buches „Pure Austrian Design", das eine aktuelle Sammlung österreichischer Designkultur darstellt, durch eine Audio-CD als Soundtrack zu erweitern, begaben wir uns auf die Suche nach der österreichischen Designmusik. Es war hier nicht sonderlich schwierig, fündig zu werden, da sich die beachtliche Musikindustrie Österreichs großenteils auf Wien konzentriert. Schwer war es eher, aus dem kreativen Output der letzten anderthalb Jahre fünfzehn Tracks auszusuchen, die zwei Funktionen erfüllen sollten: Repräsentativ zu sein dafür, was musikalisch und qualitativ Interessantes im österreichischen Elektroniksektor passiert, und die Elemente mitzubringen, die es möglich machen, aus den ausgewählten Stücken einen Soundtrack zu bilden, der das Buch „Pure Austrian Design" begleitet und den Versuch, österreichische Designkultur zu porträtieren, um einen weiteren Sinn ergänzt: den Hörsinn.

Möbel richten Räume ein- und Musik das Ohr. Fünfzehn erlesene Klangmöbelstücke von Audio-Schreinern entworfen, knapp 78 Minuten lang. Oder: 4677 Sekunden Design-Klang für 432 Seiten Designkultur. Der Vorhang geht auf.

Sphärische Klangflächen, Perkussion-Schnipsel. Räume entstehen, die den Horizont weiter in die Ferne rücken lassen. Lop:Nor's alias Helmut Neugebauers Saxophon fliegt farbenreich über die sanft einsetzenden Breakbeats. Dezente Rhythmik aus der Drum'n'Bass-Ecke. Elektronik gemischt mit virtuos gespielten Instrumenten. Helmut Neugebauer bewegt sich schon lange im Spannungsfeld zwischen Jazz und Elektronik, wovon verschiedene Live- und Studioprojekte zeugen, die sein Musikerleben begleiten. „Eclipse" heißt das Auftaktstück von „Audio Furniture", das auch auf Lop:Nors Album „41°30'N 88°30'E" den Anfang bildet. Mondfinsternis oder Sonnenaufgang, das möge jeder selbst entscheiden. Ein reichhaltiges Klanguniversum jedenfalls, das Spaß macht auf mehr. Musik zum Eintauchen. Die Reise hat zum Glück erst begonnen.

Perkussive Sounds im Echo-Raum, die sich in der Weite verlieren. Darüber die sinnliche Engelsstimme von Zeebee. Die bewaldeten Weiten von Vorarlberg, wo Zeebee lebt, sind gar nicht so weit weg von dunkelgrau bunten Berliner Hinterhaus-Szenarien, aus denen die Bass-Rhythmus-Linien kommen könnten, die „Race" zugrunde liegen. Doch ist hier die Luft reiner, bergwasserklar wie die Stimme von Zeebee, die beim Songschreiben mit Musikern überall auf der Welt zusammenarbeitet, zum Teil auch im Internet. Von dieser vielschichtigen Arbeitsweise zeugt auch Zeebees jüngstes Album „Chemistry", wo sie den stilistisch unterschiedlichen Stücken mit ihrer unverwechselbaren Stimme die nötige persönliche Note einhaucht. Die Chemie, die alles wieder verbindet.

Karl Moestl, bekannt durch seine schon legendären Produktionen mit dem ebenfalls in Wien lebenden Musiker Uwe Walkner, beschert uns mit „Caresse Negresse" musikalische Zärtlichkeiten, die aus dem Mund der Sängerin Pauline Marcelle sogar noch einen Schuss mehr Sex-Appeal haben, als sowieso schon bei der Musik des Sound-Bastlers Karl Moestl vorhanden, seien es seine trotz getragener Langsamkeit immer dem Groove frönenden Downbeat-Nummern oder die im Drum'n'Bass-Bereich angesiedelten treibenden Stücke. „Caresse Negresse" gehört zur feinen Auslese dessen, was auf Karl Moestls aktuellem Solo-Album „Touching This" Eingang fand. Hier ist es warmer Soul, unterlegt mit Flöten und Gitarren, der sich horizontal in die Ferne ausdehnt und eines bestimmt nicht will: sich stilistisch einordnen lassen.

Der schon eine ganze Weile in Berlin lebende Tiroler Johannes Strobl alias „Bassman" kreiert Musik, die einen in ihren Bann zieht. Sogwirkung mit minimaler Ablenkung. „Minimal Distraction" heißt dann auch das jüngste Album, auf dem das hier vertretene „Play" erschien. Mit energiegeladener Melodik und dem kräftigen Einsatz von Echoresonanzen entstehen komplexe Klanglandschaften, die in ihrer atmosphärischen Dichte sicherlich eine räumliche Nähe zum Vater der britischen Ambient-Music Brian Eno nicht verleugnen. Neben „Bassman", seinem Soloprojekt für Dub-Elektronik, ist Johannes Strobl aktiver Teil von „Paloma" und beschreitet mit Sam Auinger unter dem Namen „Tam Tam" auch Wege, auf denen er sich mit viel Experimentierfreude ganz dem Ausloten von Klanglandschaften widmet.

Klanglandschaften stehen auch beim nächsten Audio-Schreiner im Vordergrund: Albanek. Nach einem atmosphärischen Intro, der sich dreidimensional in die Tiefe ausdehnt, setzt unerwartet sanft die melancholische Stimme von Sänger Pollard ein, die den Raum ebnet, um mit einem dezent einsetzenden und sich langsam steigernden, warmen House-Rhythmus, unsere Ohren zum Tanzen zu bewegen. Mit „Shade of Blue", Titelstück des gleichnamigen Albums, zeigt uns Albanek sein nuanciertes Verständnis von Blau, das er auf den anderen Stücken des Albums in filigranen bis zerbrechlichen Arrangements mit ganz unterschiedlicher Rhythmik ausbreitet. Ein Soundtrack in Blau.

„Basic Channel" – Seelenstimmen – Leiher Tikiman, ein weiterer Vertreter schwarzer Soul-Sangeskunst, die in seinem Fall eher aus der jamaikanischen Ecke kommt, singt in „Stand Up" seine in Echoland heimischen Lyrics über die hall-lastigen Melodien von Stereotyp, der in seiner Studio-Höhle im 18. Bezirk Wiens an den Reglern seiner Anfang-70er Tapedelay-Effektgeräte dreht, um genau diese Räume zu schaffen, die für seine Interpretation von Dub und Reggae so unverwechselbar sind. Wo „gedubbt" wird, fallen Späne. Beim Aufprall auf dem Boden erzeugen sie Klangwellen, die sich in den endlosen Weiten der Welt des Widerhalls verlieren. So sexy kann Dub aus Wien klingen, und darin ist Stereotyp einer der Großen.

„Avalon“ der Forms of Plasticity zeugt von der musikalischen Vielseitigkeit, die diese vierköpfige Wiener Jazz-Combo auf ihrem letzten Album „Fip Fop“ zum Besten gibt. Sie beschreiten Wege, die jenseits puristischer Jazzstandards eher die Offenheit aufzeigen, mit der dieses umtriebige Quartett sogar eigene Songs durch den elektronischen Remix-Wolf dreht. Sängerin Agnes Heginger verleiht mit ihrer Stimme diesem Stück genügend rätselhafte Entrücktheit, sodass es – „lost in space“ – gar nicht erst den Anspruch erhebt, sich irgendwo außerhalb der Nebel von Avalon positionieren zu wollen, würde da nicht eine 60er-Jahre Orgel mit warmen Rhythmen verschmelzen, die irgendwo zwischen Sao Paulo und Istanbul angesiedelt sind, nämlich genauer gesagt in Wien. Aus den Händen der beiden Klangtüftler Dzihan & Kamien kommt in diesem Fall der Remix im Easy-Bossa-Stil, die in ihrer bewährten Manier den Songs, die sie sich vornehmen, ihren eigenen, für Kenner unverkennbaren tiefenwirksamen Stempel aufdrücken.

Leichtfüßige Bossa-Arrangements liegen auch Hubert Maurachers „Noonee“ zugrunde, der auf seinem jüngsten Album „29 Degrees“ ein musikalisches Spektrum ausbreitet, das mit Soundtrack-Elementen angereichert ist, die Filmen aus den 60er und 70er Jahren entspringen könnten. Eine heiße Mischung futuristischer Jazzschnipsel und Bongo-Grooves, die die Umgebungstemperatur auf mindestens 29 Grad heben. Um ein paar Grade kühler kommt hier „Noonee“ im destillierten Mix von Seelenluft, der dem Original dafür noch einen Schuss Dramatik abgewinnt und die von Sänger M'Cinoc besungene Femme fatale nie das aussprechen lässt, was sie im Original durchaus tut, in dieser Version jedoch nicht verraten wird. Nonchalanter kann dabei Englisch aus einem frankophonen Munde nicht klingen, alle Nasallaute inbegriffen.

Eklektisch-elegant: Der urbane Hip Hop der Waxolutionists aus Wien. Drei Jungs aus der Stadt des Wiener Hendls, die relaxter und fetter Hip Hop gar nicht bringen könnten. Er klingt vor allem so, als ob sie schon zehn Jahre länger im Musikgeschäft wären, was wahrscheinlich nicht allein den tausend Reglern und Knöpfen des Apek-Mischpults von Waxolutionist Buzz zu verdanken ist. Massive Unterstützung erhalten die Jungs auf „Roll with the Punches“ von der Stimme des Brit-Rappers Ty, der hier seinen seelenvollen Senf (und der wäre mindestens aus Dijon, wenn Dijon nicht in Frankreich, sondern irgendwo zwischen Birmingham und Southhampton liegen würde) in urbanster Manier darüberrappt. Herauskommt eine Waxolution, die noch viele andere Zutaten bereithält, die man auf ihrem hochgelobten Album „Counter Fight“ erleben kann. Vienna-London-Vienna. Großstadt regiert.

Now it's time for Jazz! Der Panoptikum-Mix des Wahlwieners Tom Wieland und seines deutschen Partners Marc Frank, der Toms Roots sozusagen im bayrisch-schwäbischen Augsburg weiterlebt, zeigt die ganze eklektizistische Bandbreite, die heutzutage im Nu-Jazz-Elektronic-Department „State of the Art“ ist. Der Remix von „Balkan Express“, diesem 70er-Jahre-Kleinod der Bigband des Zagreber Rundfunkorchesters, das mit seinen treibenden Bläsersätzen einen Telly Savalas in die Strassen von Zagreb versetzen könnte, manifestiert sowohl die Leidenschaft, obskure Jazzraritäten ausfindig zu machen, als auch die Kreativität, die diesem Musiker- und DJ-Duo innewohnt, das sich ganz dem Jazz und Soul verschrieben hat. Mit verschiedensten Projekten bespielen sie die tanzbaren Bretter, die die Jazzwelt bedeuten, – und das „worldwide“.

Jazzig geht es weiter, doch die Beats kommen hier aus der gediegenen House-Ecke. Der türkische Wiener Cay Taylan, der – wie er auf seinem stilistisch vielseitigen Album „Su“ unter Beweis stellt – gerne auch in den orientalischen Musikschatzkisten nach brauchbaren Samples für seine Stücke gräbt, hat mit „Dalaaqui“ eine Nummer abgeliefert, die jeden, der bisher auf seiner gemütlichen Couch sitzen geblieben war, in schweißtreibende Bewegung versetzen kann. Treibende Beats in eleganter Verpackung, für die „sampletechnisch“ auf „Dalaaqui“ eher die Jazzkiste zu Rate gezogen wurde, in der dieser nette Freestyler von Nebenan auch gerne zu Hause ist. Istanbul goes Chicago, und das Ganze in Wien.

Perfekter Nachfolge-Track ist Parov Stelars Swingnummer im House-Gewand „Brisky Business“: Samples aus dem „Hot Jazz“ der Swing-Ära, dem „Cool Jazz“ und dem Bebop werden mit griffigen House-Beats gepaart und bilden eine eklektische Mixtur aus der Hand von jemandem, der damit garantiert auf die Tanzflächen schielt. „Brisky Business“ ist Dancefloor-Business, versetzt mit Originaltonschnipseln aus Film-Noir-Filmen der 40er Jahre. New Swing! Fred Astaire und Ginger Rogers im Disco-Fieber, Edward G. Robinson und Lauren Bacall schauen dabei jeweils finster und lasziv zu. Was hier für die Tanzfläche geschaffen wurde, ist nur Teil eines Universums in Schwarz-weiß, der sich reich an Schattierungen auf Parov Stelars Album „Rough Cuts“ durchaus auch in viel leiseren Tönen niederschlägt.

Die Wiener Spanien-Freaks von Madrid de los Austrias, Heinz Tronigger und „Pogo“ Kreiner, liefern, fachlich assistiert von Dr. Rich alias Dorfmeister, mit „Valldemossa“ eine Nummer ab, die alle Unbeschwertheit transportiert, die die Entstehung dieses Songs ausmacht. Er wurde unter angenehmsten Bedingungen auf Mallorca arrangiert, genauer gesagt in Valldemossa. Zwar wird hier weniger an die musikalische Vergangenheit des Ortes angeknüpft, an dem sich seinerzeit schon Frédéric Chopin und seine Lebensgefährtin George Sand vom Pariser Stress des 19. Jahrhunderts erholten, doch kommt der Spirit gut herüber, zwischen einer halben 25m-Bahn im Swimmingpool und einem kühlen „Caipirinha“ kann man auch Musik machen, und zwar genau solche, die an die begehrten Sommergefühle appelliert – mediterraner Piniendu ft inbegriffen – , auch wenn der Gesang eher sirenenchorartig von der brasilianischen Copacabana herüberzuschwingen scheint – zumindest im Original. Der hier vertretene „Pele Mix“ ist reduzierter, weil tanzflächenorientierter. Valldemossas „Funk“ ist nicht nur für Fußballerbeine.

Noch tiefer in der Seele gräbt hier einer, der es wissen muss: Jeremiah, seines Zeichens unermüdlicher und geschmackssicherer House-Botschafter in Wien. Mit „Moves!“ ist er genau da, wo er am liebsten ist: Auf der Suche nach der alchemistischen Mixtur, die nötig sind, um einen Körper in Tanzbewegung zu versetzen. Eine gute Prise Soul, die – unterstützt von der treibenden Rhythmik elegant eingesetzter Bongos – genau da treffen soll, wo sie hin soll: in die Tiefen der Seele und in den Körperbereich vom Becken abwärts. Deep House nennt sich die Mixtur und davon weiß man viel im Hause „Coiner´s Den“, dem „Handmade“-Label von DJ und Producer BTO-Spider, das in kleinen Auflagen auf Vinyl gepresste, handgestempelte Schätze unter die anspruchsvolle Dance-Crowd bringt. Jeremiah, der auf eine lange Reihe von Veröffentlichungen zurückblicken kann, schafft hier Tanzmusik, die gut und gern auch zum Hören einlädt.

Den richtigen Zeitpunkt am richtigen Ort zu finden, ist wohl nicht leicht. Die beiden Bestandteile von Mika Matthias Kertal und Simon Nola behaupten schon länger, ihre Plastikspielfiguren aus dem Kinderzimmer gegen echte Instrumente ausgetauscht zu haben. Das spielerische Aneinanderfügen von Melodien und das Überlagern verschiedener Instrumente führten schließlich zu Mika und ihrer Musik, die sich zwischen Track und Song nicht unbedingt entscheiden will. Sie versucht, Momente und Stimmungen einzufangen. Passiert dies zum richtigen Zeitpunkt am richtigen Ort, hat man erreicht, was man wollte. „Right time, right place“ heißt auch das Stück Musik, das – wie auf Mikas gleichnamigem Album – diese Kompilation zu ihrem würdigen Ende bringt. Nach raumfüllenden Gitarrenlärm, der alle bisher gehörten Audio-Bits der CD wie in einem Reinigungsprozess neu formatiert, entsteht plötzlich wie aus dem Nichts im richtigen Moment eine kleine Melodie, wie ein Phönix aus der elektronischen Asche. Musik aus dem Spielzimmer, die erwachsen ist.

DISCOGRAPHY / DISKOGRAPHIE

—

OWN RELEASES

—

Die Vögel Europas – M A V O 1988
Die Vögel Europas – best before
1989 (creative works records)
Die Vögel Europas – short stories
1993 (z.o.o.)
Picturetrax 2000
LOP:NOR – eclipse * IN AUDIOFURNITURE
2003 (ecco.chamber) 12"
LOP:NOR – 41°30`N88°30E
2003/4 (ecco.chamber) CD
Helmut Neugebauer – Kim kocht
2005 (kim kocht records) CD

LOP:NOR

ECCO.CHAMBER
ON STACK SYSTEM BY AWS
(PAGE/SEITE 316/317)

Artist Name // Lop:Nor, Helmut Neugebauer
Name // Helmut Neugebauer
Born // 6th of November of 1957
Hometown // Vienna
Own Style // Intelligent drum n`bass
Jimi Hendrix or Kraftwerk // Jimi Kraftwerk
„Wiener Schnitzel" or „Canard a l'orange" // Viennese Canard
First music instrument // Piano
Inspiration // Zen
Influences // Jazz, Drum n` Bass (Photek etc.)
Favourite piece of furniture // Vanity fair chair
Snowboarding or Sofasurfing // skiing
Past // Better not.
Present // Yes
Future // You bet.

5 Alltime Classics

1- Flute
2- Sax
3- Computer
4- Running, Skiing
5- Good food

Künstlername // Lop:Nor, Helmut Neugebauer
Name // Helmut Neugebauer
Geboren // 6. November 1957
Wo zu Hause // Wien
Eigener Stil // Intelligent drum n`bass
Jimi Hendrix oder Kraftwerk // Jimi Kraftwerk
„Wiener Schnitzel" oder „Ente a l'orange" // Wiener Ente
Erstes Musikinstrument // Klavier
Inspiration // Zen
Einflüsse // Jazz, Drum n` Bass (Photek etc.)
Lieblingsmöbel // Vanity Fair Sessel
Snowboarding oder Sofasurfing // Schi fahren
Vergangenheit // Lieber nicht.
Jetzt // Ja
Zukunft // Und ob.

5 Alltime Classics

1- Flöte
2- Sax
3- Computer
4- Laufen, Schifahren
5- Gutes Essen

DISCOGRAPHY / DISKOGRAPHIE

OWN RELEASES

D-Sire – moving back and forward 1986
(Off Course Records) CD/12"
Zeebee – tender EP 2003
(zeebeemusic records) EP
Zeebee – chemistry 2003 * IN AUDIOFURNITURE
(Angelika Köhlermann) CD
Zeebee – cartoonboom 2005
(Angelika Köhlermann) CD

COMPILATIONS

Various – fm4 soundselection 9:
Zeebee – truth 2003 CD

EXCLUSIVE RELEASES

Various – fm4 soundselection 7:
Zeebee – interaction 2002 LP/CD
Various – departure lounge:
Zeebee – sunny friend 2005 (Petrol Records)

COLLABORATIONS

Fetish 69 – atomized: all that sex
(ft. Zeebee) 2003 (Doxa Records)
Various – all stars vol. 1:
The Bug – bloodfire (ft. Zeebee and Ras B)
2004 (Klein Records)
3kStatic – conspiracy: never enough (ft. Zeebee)
2003 (INgrooves Records)
Ikarus – breathing cultures: tomorrow is another day/ silent sigh (ft. Zeebee)
2004 (ClickMusic)

ZEEBEE

ANGELIKA KÖHLERMANN
ON VLADIMIR BY KJODE
(PAGE/SEITE 340/341)

Name // -
Born // 1965
Hometown // Dornbirn, Austria
Own // Style Eigener Stil / I am a miner: And my voice is the drill.
Jimi Hendrix or Kraftwerk / Both very much
„Wiener Schnitzel“ or „Canard a l'orange“ // Both very much
First music instrument // Flute
Inspiration // Silence
Influences // I try to avoid influences.
Favourite piece of furniture // Big windows
Snowboarding or Sofasurfing // Running
Past // "Chemistry"
Present // "Cartoonboom"
Future // cloudless

5 Alltime Classics //
I used to listen to tons of music. Now I hardly listen to any other music than my own at all.
Here my very personal alltime classics:

1- my children
2- my family
3- my music
4- nature
5- perfume „calyx“ by prescriptives

Name // -
Geboren // 1965
Wo zu Hause // Dornbirn, Austria
Eigener Stil // Ich bin ein Bergarbeiter: Und meine Stimme ist der Bohrer.
Jimi Hendrix oder Kraftwerk // Beide sehr
„Wiener Schnitzel“ oder „Ente a l'orange“ // Beide sehr
Erstes Musikinstrument // Flöte
Inspiration // Stille.
Einflüsse // Ich versuche Einflüsse zu vermeiden.
Lieblingsmöbel // Große Fenster
Snowboarding oder Sofasurfing // Laufen
Vergangenheit // "Chemistry"
Jetzt // "Cartoonboom"
Zukunft // wolkenlos

5 Alltime Classics //
Ich habe Tonnen von Musik gehört. Jetzt höre ich kaum eine andere Musik als meine eigene. Hier meine ganz persönlichen Alltime Classics:

1- Meine Kinder
2- Meine Familie
3- Meine Musik
4- Natur
5- „Calyx“- Parfüm von „perscriptives“

DISCOGRAPHY / DISKOGRAPHIE

OWN RELEASES

Karl Moestl – touching this * IN AUDIOFURNITURE
(mouth to mouth/ edel) CD
walkner.moestl – bluish
(G-stone) EP
walkner.moestl – heaven or hell
(G-stone) EP
Eric Fischer – madness/ bass culture
(devoted tunes) CD

EXCLUSIVE TRACKS

Various – fm4 sound selection:
walkner.moestl – birth of my soul (fm4 sound selection)
Various – five:
Karl Moestl – speaker (sabotage)

REMIXES

Carl Douglas – kung fu fighting
(karl moestl rmx) (select cuts, echo beach)
Café Drechsler – train track
(karl moestl rmx) (mouth to mouth)
Audio Underwear – looking for freedom
(moestl rmx) (temp-records)
Tosca – busenfreund
(walkner.moestl dub) remix (g-stone)
Trio elétrico – return of the coconut groove
(walkner.moestl rmx) (stereo deluxe)
Freedom satellite – whatever
(walkner.moestl shuffle) (vienna scientists)
Cornell Campell – bandulu/ hard time
(walkner.moestl rmx) (selected cuts)
Planet e – morgens naschmarkt
(walkner.möstl mischen wieder) (klein records)
Wolfgang Muthspiel – smack of dogskin
(godskin remix) (edel records)
Zofka – tu ne l'aimes pas
(eric fischer & karl moestl rmx) (monolog recordings)
Jammin' Unit – heroin
(eric fischer & karl moestl rmx) (devoted tunes)
Café Drechsler – one piece
(karl moestl rework) (mouth to mouth)

Contact / Kontakt
office@evision.at
karl@karlmoestl.com
www.karlmoestl.com

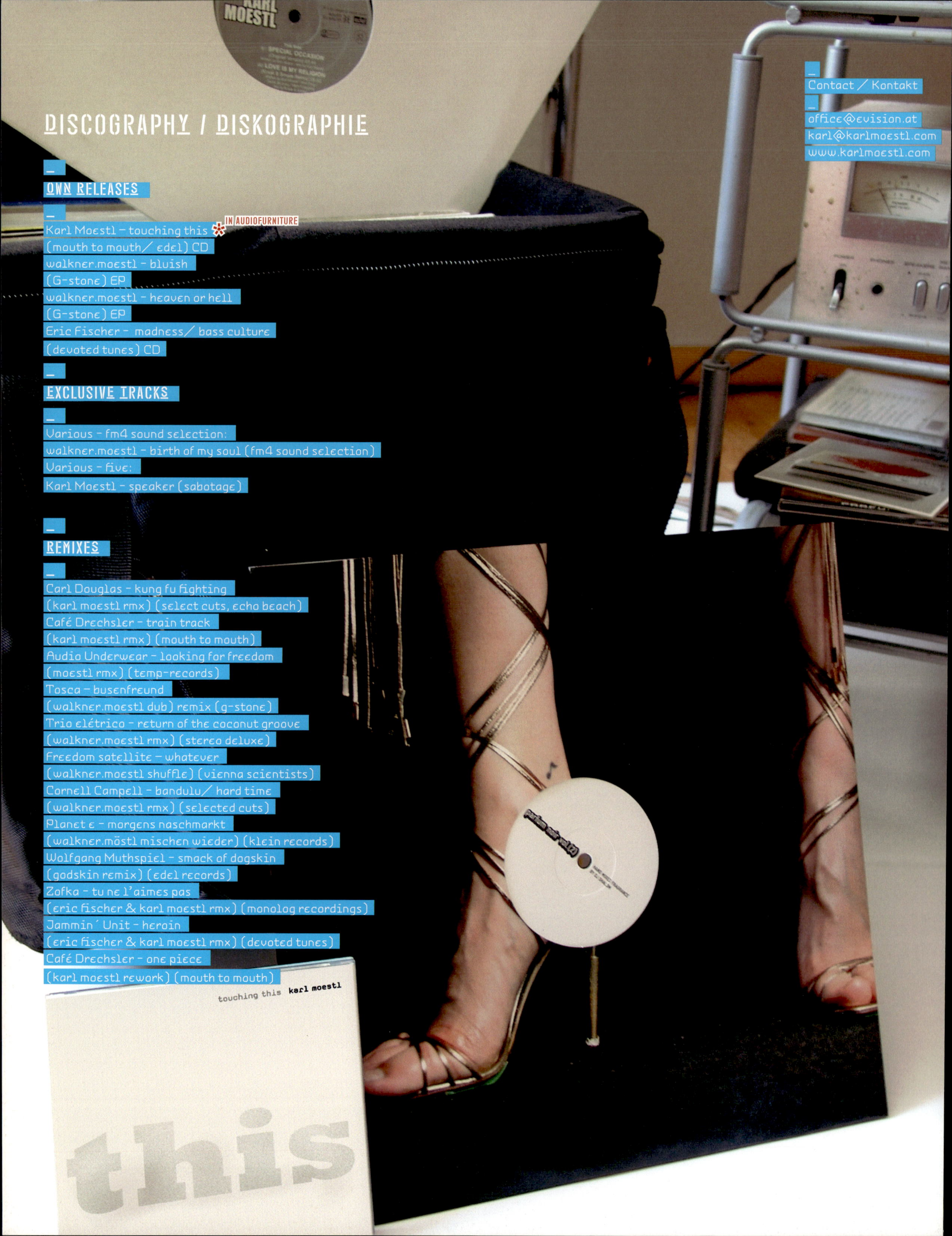

KARL MOESTL

MOUTH TO MOUTH
ON CHILLI CHAIR BY GUGGENBICHLER
(PAGE/SEITE 336/339)

Artist Name // Karl Moestl
Your Name // Karl Moestl
Born // 24th of december of 1967
Hometown // Vienna
Own Style // Everybody should search for his own style and way and this can last a whole life.
Inspiration // I'm especially inspired by things or artists who realize their projects with love and devotion.
Influences // Musically pretty much all apart from folk music.
Favourite piece of furniture // The main thing chilly.
Favourite remix // I'm mostly impressed by remixes of "Jazzanova" and "Quantic".
Past // There is neither a past nor a future, only now.
Present // Now is the truth.
Future // There is neither a past nor a future, only now.

5 Alltime Classics //

1- Portishead - Dummy
2- Massive Attack – Blue Lines
3- Beastie Boys – ill communication
4- U2 – Joshua Tree
5- walkner.moestl – bluish
... but can change again.

Künstlername // Karl Moestl
Dein Name // Karl Moestl
Geboren // 24. Dezember 1967
Wo zu Hause // Wien
Eigener Stil // Jeder sollte sich seinen eigenen Stil und Weg suchen und das kann ein ganzes Leben dauern.
Inspiration // Ich bin vor allem von Dingen oder Künstlern inspiriert, die mit Liebe und Hingabe ihre Projekte verwirklichen.
Einflüsse // Musikalisch alles, was geht, außer Volksmusik.
Lieblingsmöbel // Hauptsache chillig
Lieblings-Remix // Am meisten beeindrucken mich Remixes von „Jazzanova" oder „Quantic".
Vergangenheit // Es gibt weder Vergangenheit noch Zukunft, nur Jetzt.
Jetzt // Jetzt ist die Wahrheit.
Zukunft // Es gibt weder Zukunft noch Vergangenheit, nur Jetzt.

5 Alltime Classics //

1- Portishead - Dummy
2- Massive Attack – Blue Lines
3- Beastie Boys – ill communication
4- U2 – Joshua Tree
5- walkner.moestl – bluish
... kann sich aber wieder ändern.

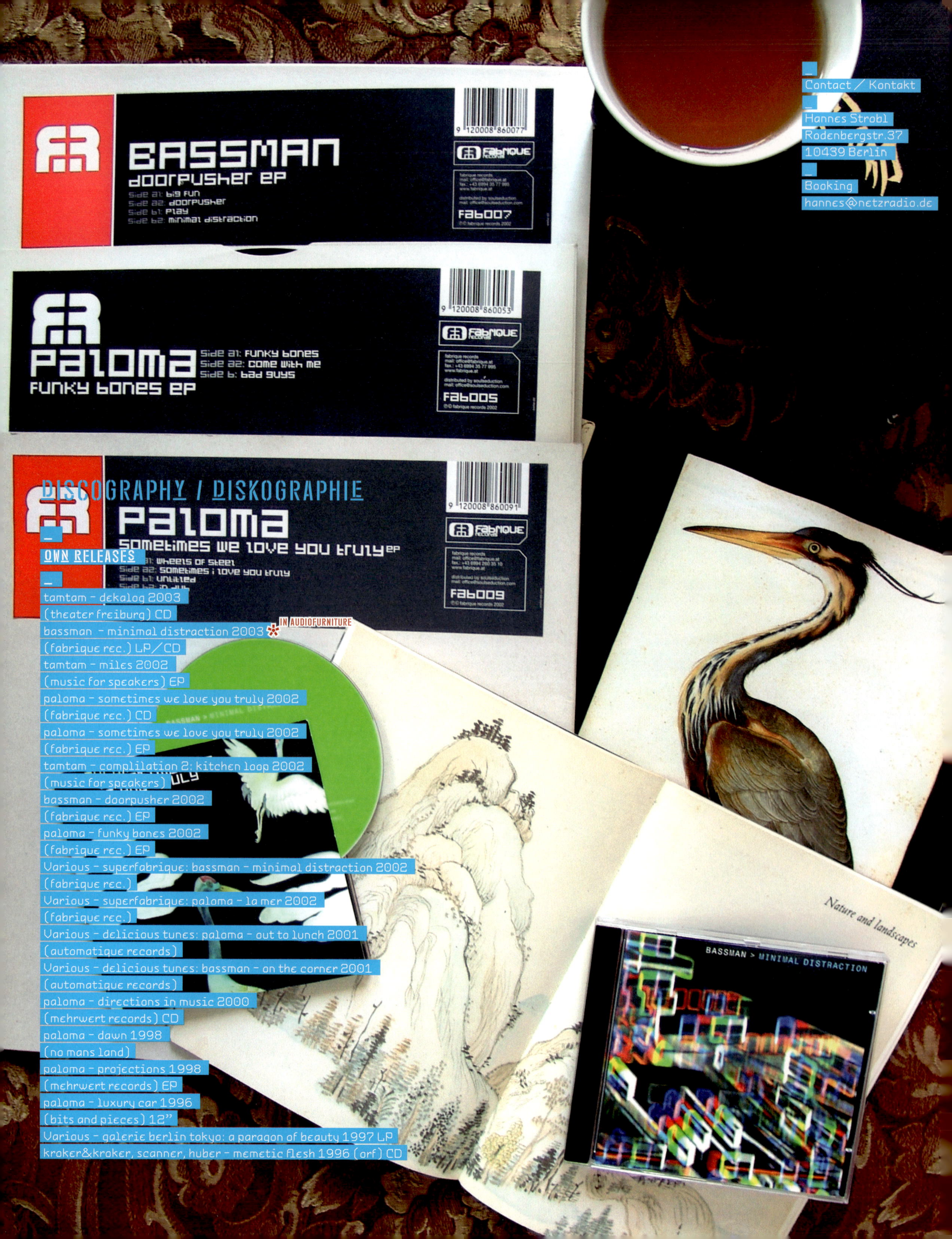

Contact / Kontakt

Hannes Strobl
Rodenbergstr.37
10439 Berlin

Booking
hannes@netzradio.de

DISCOGRAPHY / DISKOGRAPHIE

OWN RELEASES

tamtam - dekalog 2003
(theater freiburg) CD
bassman - minimal distraction 2003 * IN AUDIOFURNITURE
(fabrique rec.) LP/CD
tamtam - miles 2002
(music for speakers) EP
paloma - sometimes we love you truly 2002
(fabrique rec.) CD
paloma - sometimes we love you truly 2002
(fabrique rec.) EP
tamtam - complilation 2: kitchen loop 2002
(music for speakers)
bassman - doorpusher 2002
(fabrique rec.) EP
paloma - funky bones 2002
(fabrique rec.) EP
Various - superfabrique: bassman - minimal distraction 2002
(fabrique rec.)
Various - superfabrique: paloma - la mer 2002
(fabrique rec.)
Various - delicious tunes: paloma - out to lunch 2001
(automatique records)
Various - delicious tunes: bassman - on the corner 2001
(automatique records)
paloma - directions in music 2000
(mehrwert records) CD
paloma - dawn 1998
(no mans land)
paloma - projections 1998
(mehrwert records) EP
paloma - luxury car 1996
(bits and pieces) 12"
Various - galerie berlin tokyo: a paragon of beauty 1997 LP
kroker&kroker, scanner, huber - memetic flesh 1996 (arf) CD

BASSMAN

FABRIQUE RECORDS
ON STUHL-03 BY WOLFGANG URE
(PAGE/SEITE 368/369)

Artist Name // Bassman, paloma, tamtam
Name // Hannes Strobl
Born // 2nd July of 1966
Hometown // Berlin
Own Style // Yes
Jimi Hendrix or Kraftwerk // Both
„Wiener Schnitzel" or „Canard a l'orange" // Wiener Schnitzel
First music instrument // Hair comb
Inspiration // Meditation
Influences // Lots of them.
Favourite piece of furniture // Bed
Snowboarding or Sofasurfing // Next question.
Past // fiction
Present // Is now.
Future // Fiction

Your 5 Alltime Classics

Frank Zappa - jazz from hell
Miles Davis - agartha
M. Feldman - for bonitas marcus
Alva Noton/ R. Sakamonto - vrioon
Music from Vietnam - mnong gar

Künstlername // Bassman, paloma, tamtam
Name // Hannes Strobl
Geboren // 2.Juli 1966
Wo zu Hause // Berlin
Eigener Stil // Ja
Jimi Hendrix oder Kraftwerk // Beide
„Wiener Schnitzel" oder „Ente a l'orange" // Wiener Schnitzel
Erstes Musikinstrument // Haarkamm
Inspiration // Meditation
Einflüsse // Ganz viele.
Lieblingsmöbel // Bett
Snowboarding or Sofasurfing // Nächste Frage
Vergangenheit // Fiktion
Jetzt // Ist jetzt.
Zukunft // Fiktion

Deine 5 Alltime Classics

1- Frank Zappa - jazz from hell
2- Miles Davis - agartha
3- M. Feldman - for bonitas marcus
4- Alva Noton/ R. Sakamonto - vrioon
5- Music from Vietnam - mnong gar

Contact / Kontakt

albanek@gmx.net

Booking
albanek@gmx.net

DISCOGRAPHY / DISKOGRAPHIE

OWN RELEASES

Albanek - shade of blue IN AUDIOFURNITURE
(ecco.chamber) LP / CD
Albanek - walk away
(ecco.chamber) 12"
Albanek - moving on
(ecco.chamber) 12"
Albanek - free wire
(ecco.chamber) 12"

APPEARANCES

Various - fm4-soundselection 8:
Albanek - smile at a stranger (sony)

EXCLUSIVE TRACKS

Various - parfum noir 1:
Albanek - schönbergel (mouth to mouth / universal)
Various - parfum noir 2:
Albanek - shy sly (mouth to mouth / universal)

REMIXES

Carouge - let me
(albanek's feelin' dub) (ecco.chamber)

ALBANEK

ECCO.CHAMBER
ON ALU DINING CHAIR BY RAINER MUTSCH
(PAGE/SEITE 352/353)

Name // Bekic Alban
Born // On the 30th of April of 1977
Hometown // Vienna
Own Style // groove, broken beats
Jimi Hendrix or Kraftwerk // ... a little bit of both
„Wiener Schnitzel" or „Canard a l'orange" // Wiener Schnitzel
First music instrument // Flute, piano
Inspiration // specially inspired by movies and pictures
Influences // The „Vienna sound" mixed with the „West London sound"
Favourite piece of furniture // Table
Snowboarding or Sofasurfing // Sofasurfing
Past // Plenty of sofasurfing
Present // Less sofasurfing
Future // Difficult to say ...

Your 5 Alltime Classics

1- Galliano - a joyful noise unto the creator (talking loud/gb)
2- Peace Orchestra - peace orchestra
3- Rockers hi-fi - overproof
4- Zero 7 - simple things
5- Massive attack - protection

Name // Bekic Alban
Geboren // 30.April 1977
Wo zuHause // Wien
Eigener Stil // Groove, Broken Beats
Jimi Hendrix oder Kraftwerk // ... ein bißchen von beiden
„Wiener Schnitzel" oder „Ente a l'orange" // Wiener Schnitzel
First music instrument//Erstes Musikinstrument // Flöte, Klavier
Inspiration // Inspiriert vor allem durch Filme bzw. Bilder
Einflüsse // „Wiener Sound" gemischt mit „West London Sound"
Lieblingsmöbel // Tisch
Snowboarding or Sofasurfing // Sofasurfing
Vergangenheit // Viel Sofasurfing
Jetzt // Weniger Sofasurfing
Zukunft // Schwer zu sagen ...

Deine 5 Alltime Classics:

1- Galliano - a joyful noise unto the creator (talking loud/gb)
2- Peace Orchestra - peace orchestra
3- Rockers hi-fi - overproof
4- Zero 7 - simple things
5- Massive attack - protection

DISCOGRAPHY / DISKOGRAPHIE

OWN RELEASES

Stereotyp - stash it
1998 (g-Stone) 12"
Sly & Mo - buggin' out
1999 (Uptight/BMG) 12"
Sly & Mo - joint venture
1999 (Uptight/BMG) 12"
Stereotyp - how to find royal jelly
2001 (Best Seven) 12"
Stereotyp meets Tikiman - jahman
2001 (g-Stone) 12"
Stereotyp - silence/ un dos tres
2002 (g-Stone) 12"
Stereotyp - my sound
2002 (g-Stone) LP/CD
Stereotyp meets Microfish - who me
2002 (stereo deluxe) 12"
Stereotyp meets Al Haca - phase one
2004 (Klein records) 12"
Stereotyp meets Al Haca - phase two
2004 (Klein records) 12"
Stereotyp - Stand Up
2004 (g-Stone) 12" * IN AUDIOFURNITURE
Stereotyp meets Al Haca - phase three
2004 (Klein records) 12"
Stereotyp meets Al Haca - blaze & cook
2005 (Klein records) LP/CD

EXCLUSIVE TRACKS

Various - Freezone vol. 6: Stereotyp - skyway 1999 (SSR/Crammed)
Various - Vienna Scientists II: Stereotyp - port blue 1999 (Sony)
Various - Electronic Resistance: Stereotyp - the word 2000 (Weederstand)
Various - Black Coffee Vinyl: Stereotyp - gazzui matter 2001 (ecco.chamber)
Various - Destination: Out 1: Stereotyp - interphase, softwear 2002 (ecco.chamber)

REMIXES

Juryman - remixes from the hill: the ethiopian
(stereotyp remix) 2001 (SSR/Crammed)
Fauna Flash - the vienna mixes: question
(stereotyp's ‚booty call' remix) 2001 (Compost)
Microfish - Keen: keen
(stereotyp remix) 2002 (Sonarkollektiv)
Waxolutionists - re:wax rare form
(stereotyp remake) 2003 (Amadeo)
Atomhockey - S.O.U.L. remix: S.O.U.L.
(stereotyp remix) 2003 (Poets Club Records)
Minimal Compact - there's always now remixes: it takes a lifetime
(kruder & stereotyp remixes) 2004 (Crammed)
Freeland - supernatural thing: supernatural thing
(stereotyp mix) 2004 (Marine Parade)
I-Wolf - fallin': fallin'
(stereotyp barefoot remix) 2004 (Klein records)
Waxolutionists - roll with the punches: roll with the punches
(stereotyp remix) 2004 (Amadeo)
Megablast feat. Cesar - over remixes: over
(stereotyp cover version) 2004 (stereo deluxe)

STEREOTYP

G-STONE

ON EATER´S GIFT BY LUCY.D

(PAGE/SEITE 342/343)

Artist Name // Stereotyp
Your Name // Stefan Moerth
Born // 15th of June of 1971
Hometown // Vienna
Own Style // Kung Fu
Jimi Hendrix or Kraftwerk // Both
„Wiener Schnitzel" or „Canard a l'Orange" // Schnitzel
Your first music instrument // Conga
Inspiration // The World
Influences // All
Favourite piece of furniture // Sofa
Snowboarding or Sofasurfing // Snowboard
Past // Black and white tv
Present // Gotta love it.
Future // Stereotyp

Your 5 Alltime Classics //

1- Temptations - Zoom
2- King of My Empire
3- I Be Good
4- Marvin Gay - Let's Get It On
5- The Bug - Aktion 45

Künstlername // Stereotyp
Dein Name // Stefan Moerth
Geboren // 15.06.1971
Wo zu Hause // Wien
Eigener Stil // Kung Fu
Hendrix oder Kraftwerk // Beide
„Wiener Schnitzel" oder „Ente a l'Orange" // Schnitzel
Dein erstes Musikinstrument // Conga
Inspiration // The World
Einflüsse // Alles
Lieblingsmöbel // Sofa
Snowboarding oder Sofasurfing // Snowboard
Vergangenheit // Schwarz-Weiss-Fernseher
Jetzt // Man muss es lieben.
Zukunft // Stereotyp

Deine 5 Alltime Classics //

1- Temptations - Zoom
2- King of My Empire
3- I Be Good
4- Marvin Gay - Let's Get It On
5- The Bug - Aktion 45

Contact / Kontakt
j.specht@utanet.at
Booking
info@fop.at

DISCOGRAPHY / DISKOGRAPHIE

OWN RELEASES

Forms of Plasticity - Fop
2001 (emarcy/universal) LP
Forms of Plasticity - Fip Fop
2003 (emarcy/universal) LP
Forms of Plasticity - Four Remixes IN AUDIOFURNITURE
2003 (emarcy/universal) EP

REMIXES

Forms of Plasticity - Low Intervall
Mix Rolle Rollo by DeSK
Forms of Plasticity - Coming back
(Rmx by DeSK)
Forms of Plasticity - Der Inspektor
(Rmx by Specht/Steger/Kornfeld)
Forms of Plasticity - Avalon
(1010 Rmx by Specht/Steger/ Kornfeld)

FORMS OF PLASTICITY

EMARCY / UNIVERSAL

ON GARCIA BY MARTIN MOSTBÖCK

(PAGE/SEITE 350/351)

Name // Oliver Steger / Johannes Specht
Born // 20th of April of 1968 / 13th of October 1971
Hometown // Vienna / Vienna
Own Style // Ostinato Bass Player / Modern traditionalism resp. traditional modernism
Jimi Hendrix or Kraftwerk // Hey, Joe! / I'm a guitar player, so J.H.
„Wiener Schnitzel" or „Canard a l'orange" // Canard ... / Wiener Schnitzel
First music instrument // Bass / recorder
Inspiration // Music – universal language / other people
Influences // In the 70s: AC/DC, Deep Purple ... in the 80s: Mingus, Miles Davis, Thelonious Monk...in the 90s: Roni Size; 4 Hero, Portishead...Now: Joe Henry, my own music ... / The older you get the oftener the weather ...
Favourite piece of furniture // Furniture from Mocca: we have 3 wonderfull pieces in our apartment. / bed
Snowboarding or Sofasurfing // Mountains / Sofasurfing
Past // Music and open minded. / was
Present // Music and open minded.
Future // Open minded and music. / comes

5 Alltime Classics

1- Me`shell Ndegéochello – peace beyond passion / Miles Davis – kind of blue
2- Björk – all of her / Eels – daisies of the galaxy
3- Paul Motian – bill evans / David Bowie – hunky dorie
4- Joe Henry – tiny voices / Björk – post
5- Elvis Costello – north / The Beatles – abbey road

Name // Oliver Steger / Johannes Specht
Geboren // 20.April.1968 / 13. Oktober 1971
Wo zuHause // Wien / Wien
Eigener Stil // Ostinato Bassspieler / Moderner Traditionalismus bzw. Traditioneller Modernismus
Jimi Hendrix oder Kraftwerk // Hey, Joe! / Ich bin Gitarrist, also J.H.
„Wiener Schnitzel" oder „Ente a l'orange" // Ente ... / Wiener Schnitzel
Erstes Musikinstrument // Bass / Blockflöte
Inspiration // Musik – universelle Sprache / Andere Menschen
Einflüsse // In den 70ern: AC/DC, Deep Purple...in den 80ern: Mingus, Miles Davis, Thelonious Monk...in den 90ern: Roni Size; 4 Hero, Portishead...Jetzt: Joe Henry, meine eigene Musik ... ... / Je älter man wird immer mehr das Wetter...
Lieblingsmöbel // Möbel von Mocca: Wir haben 3 wundervolle Stücke in unserer Wohnung. / Bett
Snowboarding oder Sofasurfing // Berge / Sofasurfing
Vergangenheit // Musik und weltoffen. / war
Jetzt // Musik und weltoffen. / ist
Zukunft // Weltoffen und Musik. / kommt

5 Alltime Classics

1- Me`shell Ndegéochello – peace beyond passion / Miles Davis – kind of blue
2- Björk – all of her / Eels – daisies of the galaxy
3- Paul Motian – bill evans / David Bowie – hunky dorie
4- Joe Henry – tiny voices 7 Björk – post
5- Elvis Costello – north / The Beatles – abbey road

Contact / Kontakt
www.mauracher.net
mauracher@fabrique.at

Booking
www.miooow.com
jennifer@miooow.com

Promotion
www.boobang.com
micc@boobang.com

DISCOGRAPHY / DISKOGRAPHIE

OWN RELEASES

Mauracher – 29 degrees
(fabrique rec.) CD
Mauracher – waiting
(fabrique rec.) 12"
Mauracher – noonee * IN AUDIOFURNITURE
(fabrique rec.) 12"
Mauracher – meilenstein
(fabrique rec.) 12"
Mauracher – zombielove
(fabrique rec.) 12"

REMIXES

Café Drechsler – radio snacks reworks: helmet
(mauracher remix) (mouth to mouth)
The Bunny Situation – be my tiger: good vibes
(mauracher remix) (emarcy / universal)

MAURACHER

FABRIQUE RECORDS
ON WHITE TATTOO BY POLKA
(PAGE/SEITE 356/357)

Name // Hubert Mauracher
Born // 10th of January of 1975
Hometown // Vienna
Own Style // Yes
Jimi Hendrix or Kraftwerk // Both
„Wiener Schnitzel“ oder „Canard a l'orange“ // Depends on who is cooking.
First music instrument // Drums
Inspiration // My life
Influences // Too much to write about it here.
Favourite piece of furniture // Couch
Snowboarding or Sofasurfing // Sofasurfing
Past // I forgot it.
Present // I enjoy it.
Future // Makes me curious.

Name // Hubert Mauracher
Geboren // 10. Jänner 1975
Wo zu Hause // Wien
Eigener Stil // Ja
Jimi Hendrix oder Kraftwerk // Beides
„Wiener Schnitzel“ oder „Ente a l'orange“ // Kommt darauf an, wer kocht.
Erstes Musikinstrument // Schlagzeug
Inspiration // Mein Leben
Einflüsse // Zu viel, um hier zu schreiben.
Lieblingsmöbel // Couch
Snowboarding oder Sofasurfing // Sofasurfing
Vergangenheit // Hab ich vergessen.
Jetzt // Geniesse ich.
Zukunft // Macht mich neugierig.

Kontakt / Contact

info@waxos.com
bionickid@waxos.com
buzz@waxos.com
zuzee@waxos.com

Booking
christian@miooow.com

DISCOGRAPHY / DISKOGRAPHIE

OWN RELEASES

The Bionic Kid & Zuzee – starmix 603 1997
(the first waxos tape ever)
Waxolutionists – the smart blip experience 1999
limited edition tape
Manuva & the Bionic Kid ft. Waxolutionists – nachtschattengewächs 1999
(mental crates / deck8 ltd.) MCD
Waxolutionists – the nudist essentials pt.1 1999
(mental crates / deck8 ltd.) LP
Waxolutionists – the smart blip experience 2000
(mental crates / deck8 ltd.) LP / CD
Waxolutionists – the 3 sights EP 2000
(mental crates / deck8 ltd.) EP / CD
Waxolutionists – focus#3" 2001
(automatique / mental crates)
Waxolutionists – supercity 2002
(automatique / mental crates) 12"
Waxolutionists – rare form 2002
(automatique / mental crates) 12"
Waxolutionists – plastic people 2002
(automatique / mental crates) CD
Waxolutionists – re:wax 2003
(fabrique reocrds / universal) LP / CD
Waxolutionists – re:wax limited 12" 2003
(fabrique reocrds / universal) 12"
Waxolutionists – a stranger´s world 2004
(universal / emarcy) 12"
Waxolutionists – roll with the punches ft.TY 2004
(universal / emarcy) 12"
Waxolutionists – counterfight 2004 * IN AUDIOFURNITURE
(universal / emarcy) LP / CD

REMIXES

DCS – hirnsturm
(waxos skit & remix) 2000 (deck8 ltd.)
Sound conspiracy – cleared 01
(remix of the römerquelle theme) 2001
Total chaos ft.DJ Vadim – gute gründe
(bionic kid remake) 2001 (intonation)
Mum – l´energie irriadait
2002 (klein records)
Cay Taylan – ference pushkash
2003 (couch records)
André Heller – die wahren abenteuer
2003 (universal)
Hans Platzgummer aka Convertible – your pull is gone
2003 (universal)

WAXOLUTIONISTS

EMARCY / UNIVERSAL

WITH PING MEETS PONG BY WALKING-CHAIR

(PAGE/SEITE370/373)

Artist Name // Bionic Kid / Buzz / Zuzee
Namen // Felix Bergleiter / Christoph Böck / Andreas Zuza
Born // April of 1977 / 27th of August of 1976 / 4th of June of 1976
Hometown // Hometown = Bludenz, Vorarlberg, at home in Vienna since 1997 / Vienna / Vienna
Own Style // Casual / porno / weirdo
Jimi Hendrix or Kraftwerk // Kraftwerk / Jimi Hendrix / Jimi Kraftwerk
„Wiener Schnitzel“ or „Canard a l'orange“ // Canard / Schnitzi / Both
First music instrument // Piano / Flute / Flute
Inspiration // Whatever ... it depends on where the Muse is hiding ... / actually all / whatever comes across
Influences // The parents are musicians / Peter North / Bees and flowers
Favourite piece of furniture // Vintage (Eames & Co.) / My AMEK-Mixer / Bed
Snowboarding or Sofasurfing // Sofasurfing / Snowboarding / Sofasurfing
Past // Not interesting, just gone / Sex / Sport
Present // Quite ok / Drugs & / War
Future // Everything is open / Rock'n Roll / Sport + Peace

5 Alltime Classics

1- DJ Shadow - influx
2- Bob James - nautilus
3- Chick Corea – return forever
4- Souls of mischief - 93 til infinity
5- Bullet – the hanged man (O.S.T.)

Künstlername // Bionic Kid / Buzz / Zuzee
Namen // Felix Bergleiter / Christoph Böck / Andreas Zuza
Geboren // April 1977 / 27. August 1976 / 4. Juni 1976
Wo zu Hause // Hometown = Bludenz, Vorarlberg, daheim in Wien seit 97 / Wien / Wien
Eigener Stil // Casual / porno / weirdo
Jimi Hendrix oder Kraftwerk // Kraftwerk / Jimi Hendrix / Jimi Kraftwerk
„Wiener Schnitzel“ oder „Ente a l'orange“ // Ente / Schnitzi / Beides
Erstes Musikinstrument // Piano / Flöte / Flöte
Inspiration // Alles mögliche ... kommt darauf an, wo sich die Muse gerade versteckt ... / eigentlich alles / whatever comes across
Einflüsse // Die Eltern sind Musiker / Peter North / Bienen und Blumen
Lieblingsmöbel // Vintage (Eames & Co.) / Mein AMEK-Mischpult / Bett
Snowboarding oder Sofasurfing // Sofasurfing / Snowboarding / Sofasurfing
Vergangenheit // Nicht interessant, schon vorbei / Sex / Sport
Jetzt // Ganz ok / Drugs & / Krieg
Zukunft // Alles offen / Rock'n Roll / Sport + Frieden

5 Alltime Classics

1- DJ Shadow - influx
2- Bob James - nautilus
3- Chick Corea – return forever
4- Souls of mischief - 93 til infinity
5- Bullet – the hanged man (O.S.T.)

DISCOGRAPHY / DISKOGRAPHIE

_

OWN RELEASES

_

LES GAMMAS RELEASES

_

Les Gammas – excercices de styles
(compost records) LP & CD
Les Gammas – whenever
(compost records) 7"
Les Gammas – chasin the double six
(compost records) 12"
Les Gammas – guavanca
(compost records) 12"
Les Gammas – all of me
(compost records) 12"
Les Gammas – outra vida
(compost records) 12"

_

LES GAMMAS REMIXES

_

Bugge Wesseltoft – eve nin (les gammas remix) (Jazzland)
Moodorama – viama (les gammas remix) (stereo deluxe)
Syrup – strawberry (les gammas remix) (compost records)
Emo – so fine (les gammas remix) (Liquid Sound Lounge)
Sheila Landis – parenthe seizure (les gammas solinarium scat remix) (counterpoint)
Minus 8 – snowblind (les gammas lifetime remix) (compost records)
Aroma – groovin' (les gammas mix) (universal)
Claire Fischer – descarga/ ye ma ya (les gammas mix) (Universal)
Don Freeman – fracture in my soul (les gammas mix) (Raw Fusion)
Nicola Conte – forma 2000 (les gammas remix) (Schema)
re:jazz – people come runnin (sprinter mix) (Infracom)
Nova International: favourite girl (Warner)

_

LES GAMMAS EXCLUSIVES

_

Various – outpatients: Les Gammas – fez (hospital records)
Various – spinning wheel: Les Gammas – people gettin high (Spinning Wheel)
Various – playground 2, mixed & compiled by Tom Wieland + Marc Frank: Les Gammas – life in montreux (ecco.chamber)
Various – compost100: Les Gammas – outra vida (compost records)
Various – folky: Les Gammas – outra vida (spectrum works)
& numerous licenses, for BREAKS & BOSSA; FUELED INTO THE FUTURE etc.
Panoptikum feat. Alicia Blue – black land of the Nile (Deja vu) 12"

_

REMIXES

_

RTB Big Band – balkan express (cosmic sounds) IN AUDIOFURNITURE
Frank Hernandez – barloventeno blues (Deja vu)
DJ Shuriken – Swinging with Ms.Goodnight (Ohm)
Jerome Richardson – minor flute (cosmic sounds)
Sesong – spiritual rotations (Guidance recordings)

_

OTHERS

_

Mokadi – human natures (perfect toy) (produced by Marc Frank) LP/CD
Various – panorama – nu europa phusion (perfect toy) LP/CD
Modern Jazz Anthology – hungarian modal jazz from the 60´s (cosmic sounds) LP/CD

_

RADIOSHOW

_

TRANS EUROPA EXPRESS presented by Tom Wieland . broadcasted weekly ON AIR in Portugal, Serbia, Croatia, Netherlands, Hungary, Singapur & Japan

_

Broadcasted ON LINE via

_

www.samurai.fm/transeuropaexpress
www.tee-radio.com

_

more infos

_

www.compost-rec.com
www.perfecttoy.de
www.tee-radio.com

_

contact

_

lesgammas@yahoo.com

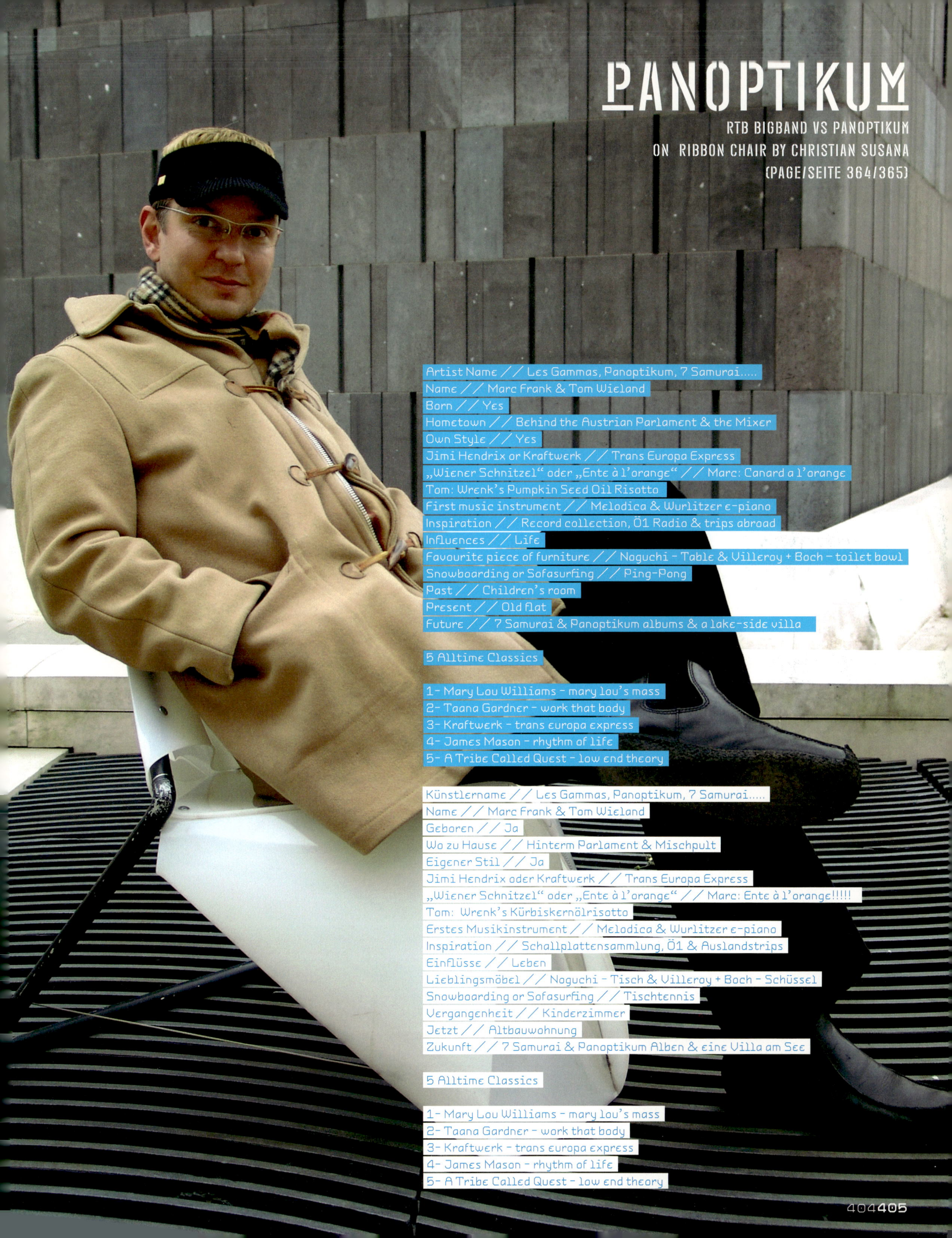

PANOPTIKUM

RTB BIGBAND VS PANOPTIKUM
ON RIBBON CHAIR BY CHRISTIAN SUSANA
(PAGE/SEITE 364/365)

Artist Name // Les Gammas, Panoptikum, 7 Samurai.....
Name // Marc Frank & Tom Wieland
Born // Yes
Hometown // Behind the Austrian Parlament & the Mixer
Own Style // Yes
Jimi Hendrix or Kraftwerk // Trans Europa Express
„Wiener Schnitzel“ oder „Ente à l'orange“ // Marc: Canard a l'orange
Tom: Wrenk's Pumpkin Seed Oil Risotto
First music instrument // Melodica & Wurlitzer e-piano
Inspiration // Record collection, Ö1 Radio & trips abroad
Influences // Life
Favourite piece of furniture // Noguchi - Table & Villeroy + Boch - toilet bowl
Snowboarding or Sofasurfing // Ping-Pong
Past // Children's room
Present // Old flat
Future // 7 Samurai & Panoptikum albums & a lake-side villa

5 Alltime Classics

1- Mary Lou Williams - mary lou's mass
2- Taana Gardner - work that body
3- Kraftwerk - trans europa express
4- James Mason - rhythm of life
5- A Tribe Called Quest - low end theory

Künstlername // Les Gammas, Panoptikum, 7 Samurai.....
Name // Marc Frank & Tom Wieland
Geboren // Ja
Wo zu Hause // Hinterm Parlament & Mischpult
Eigener Stil // Ja
Jimi Hendrix oder Kraftwerk // Trans Europa Express
„Wiener Schnitzel“ oder „Ente à l'orange“ // Marc: Ente à l'orange!!!!!
Tom: Wrenk's Kürbiskernölrisotto
Erstes Musikinstrument // Melodica & Wurlitzer e-piano
Inspiration // Schallplattensammlung, Ö1 & Auslandstrips
Einflüsse // Leben
Lieblingsmöbel // Noguchi - Tisch & Villeroy + Boch - Schüssel
Snowboarding or Sofasurfing // Tischtennis
Vergangenheit // Kinderzimmer
Jetzt // Altbauwohnung
Zukunft // 7 Samurai & Panoptikum Alben & eine Villa am See

5 Alltime Classics

1- Mary Lou Williams - mary lou's mass
2- Taana Gardner - work that body
3- Kraftwerk - trans europa express
4- James Mason - rhythm of life
5- A Tribe Called Quest - low end theory

DISCOGRAPHY / DISKOGRAPHIE

_

OWN RELEASES

_

Cay Taylan – pop 2005
(couch records) 12"
Cay Taylan – su 2004 * IN AUDIOFURNITURE
(couch records) LP
Cay Taylan – beijo 2004
(couch records) 12"
Cay Taylan – Eight hands on senor buzz 2003
(couch records) EP
Cay Taylan – The rebirth of senor buzz 2002
(couch records) EP
Cay Taylan – Love:green 2001
(couch records) EP

_

EXCLUSIVE TRACKS

_

Go Blow – 7 portraits:
Cay Taylan – hasret gider 2003 (universal jazz)
Café Drechsler – Café Drechsler:
Cay Taylan – ceshmash 2002 (universal jazz)
F-chen with Cay Taylan –
gute nacht 2002 (favourite bar)

CAY TAYLAN

COUCH RECORDS
ON THE „WINGLET" BY MAYBE DESIGN
(PAGE/SEITE 344/345)

Name // Cay Taylan
Born // 10th of December 1979
Hometown // Vienna
Own Style // Yes
Jimi Hendrix or Kraftwerk // Kraftwerk
„Wiener Schnitzel" or „Canard a l'orange" // Schnitzel
First music instrumen // Casio keyboard
Inspiration // Life
Influences // All music
Favourite piece of furniture // Expedit from ikea (for my loved records)
Snowboarding or Sofasurfing // Sofasurfing
Past // Behind me.
Present // Yes
Future // I`m coming.

5 Alltime Classics

1- D'Angelo - voodoo
2- Michael Jackson - off the wall
3- De la soul - de la soul is dead
4- Dr. Alban - hello afrika
5- ... and my 10 000 other records

Name // Cay Taylan
Geboren // 10. Dezember 1979
Wo zu Hause // Wien
Eigener Stil // Ja
Jimi Hendrix oder Kraftwerk // Kraftwerk
„Wiener Schnitzel" oder „Ente a l'orange" // Schnitzel
Erstes Musikinstrument // Casio keyboard
Inspiration // Das Leben
Einflüsse // Jegliche Musik
Lieblingsmöbel // Expedit from ikea (für meine geliebten Schallplatten)
Snowboarding oder Sofasurfing // Sofasurfing
Vergangenheit // Hinter mir
Jetzt // Ja
Zukunft // Ich komme

5 Alltime Classics

1- D'Angelo - voodoo
2- Michael Jackson - off the wall
3- De la soul - de la soul is dead
4- Dr. Alban - hello afrika
5- ... and my 10 000 other records

Contact / Kontakt

Marcus Füreder
Pöstlingbergstraße 42
A-4040 Linz
marcus.fuereder@aon.at
www.etagenoir.com

Booking

www.miooow.com
etagenoir@aon.at

DISCOGRAPHY / DISKOGRAPHIE

OWN RELEASES

Parov Stelar – triola
(Raummusik) 12"
Parov Stelar – primavera
(Auris Recordings) 12"
Parov Stelar – kisskiss
(Etage Noir Recordings) 12"
Parov Stelar – move on
(Etage Noir Recordings) 12"
Parov Stelar – wanna get
(Etage Noir Recordings) 12"
Parov Stelar – rough cuts
(Etage Noir Recordings) LP/CD
Parov Stelar – music I belive In
(temp˜ records) 12"
Parov Stelar – get up on your feet" IN AUDIOFURNITURE
(Sunshine Enterprises) 12"

REMIXES

Sonoluce – say you´ll be mine
(ecco.chamber)
Mauracher – waiting
(parov stelar mix) (fabrique records)
Audio Underwear – looking for freedom
(marcus füreder mix) (temp˜ records)

PAROV STELAR

SUNSHINE ENTERPRISES
ON FALB BY BKM
(PAGE/SEITE 322/323)

Name // Marcus Füreder
Born // 27th of November of 1974
Hometown // Linz / Austria
Own Style // A jazzy mixture of breaks and house.
Jimi Hendrix or Kraftwerk // Jimi Hendrix mixed with Kraftwerk to a new song.
„Wiener Schnitzel“ or „Canard a l'orange“ // Schnitzel ... of course.
I have a duck in the garden ... so it's impossible to eat a friend with oranges.
First music instrument // VESPAs from the 50s – 1968.
Inspiration // Full moon, films and jazz.
Influences // Everyday life
Favourite piece of furniture // The bed and my easy chair in the studio.
Snowboarding or Sofasurfing // Sofasurfing
Past // –
Present // Very busy at the moment and happy about it...
Future // Can't say anything about the coming days ... I hope the sun continues shining!

5 Alltime Classics

1- Mr. Scruff – get a move on
2- Chet Baker – the thrill has gone
3- Radiohead - creep
4- The doors - riders on the storm
5- Jimmy McGriff – deb sombo

Name // Marcus Füreder
Geboren // 27. November 1974
Wo zu Hause // Linz / Austria
Eigener Stil // Eine jazzige Mischung aus Breaks und House.
Jimi Hendrix oder Kraftwerk // Jimi Hendrix mit Kraftwerk zu einem neuen Song gemixt.
„Wiener Schnitzel“ oder „Ente a l'orange“ // Natürlich ... Schnitzel.
Ich habe eine Ente im Garten ... Unmöglich ein Freund mit Orangen zu essen.
Erstes Musikinstrument // VESPAs zwischen den 50 Jahren und 1968.
Einflüsse // Das alltägliche Leben
Lieblingsmöbel // Das Bett und mein "easy" Sessel im Studio.
Snowboarding oder Sofasurfing // Sofasurfing
Vergangenheit // –
Jetzt // Sehr beschäftigt im Moment und glücklich darüber...
Zukunft // Kann nichts über die kommenden Tage sagen ... ich hoffe die Sonne scheint weiter!

5 Alltime Classics

1- Mr. Scruff – get a move on
2- Chet Baker – the thrill has gone
3- Radiohead - creep
4- The doors - riders on the storm
5- Jimmy McGriff – deb sombo

DISCOGRAPHY / DISKOGRAPHIE

OWN RELEASES

Madrid de los Austrias (MDLA) – olé (EP)
MDLA – sport (EP)
MDLA – amor (LP)
MDLA feat. Da Dons – make dis real (12")
MDLA vs. Richard Dorfmeister – valldemossa (12")
MDLA – mejsahe (12")
MDLA – más amor (LP)

ADDITIONAL RELEASES

Birdy con MDLA – star alliance (Birdy)
Various – Playground 4 (mix compilation):
MDLA – cordoba (ecco-chamber)
Sugarbush (+ Paul Schneider) – f355
(Spray Rec.)
Sugarbush (+ Paul Schneider) – june 4th
(Spray Rec.)

REMIXES MADRID DE LOS AUSTRIAS

Birdy meets MDLA – star alliance
(madrid de los austrias rmx) (Birdy)
Buscemi
(Downsall Plastics)
Chari Chari – flow dub outta vienna
(madrid de los austrias rmx) (Ultima)
Chriss Joss – the gnomes
(madrid de los austrias rmx) (Irma on canvas)
Mauracher – noonee
(madrid de los austrias' cornelius rebound) (fabrique records)
Nickodemus – cleopatra in new york
(madrid de los austrias "cleo in madrid" remix) (Rhythm Love)
Nigel Hayes – back together
(madrid de los austrias rmx) (Sunshine Enterprises)
Nina Proll – belle de jour
(madrid de los austrias mix) (Preiser Records)
Rodney Hunter – electric lady – 2 elektrische bidde
(madrid de los austrias rmx) (g-stone)
Zabine – find me
(madrid de los austrias rmx) (Vienna Scientists

MADRID DE LOS AUSTRIAS CON RICHARD DORFMEISTER (G-STONE)

Deadbeats – funky for you
(dorfmeister vs. MDLA redefinition)
(Sunshine Enterprises / 20:20 Vision promo)
Zero 7 – in the waiting line
(Ultimate Dilemma)
Groove Armada – my friend
(Jive)
Koop – Relaxin' at Club F***"
(Jazzanova-Compost-Records)
Willie Bobo – spanish grease
(Verve)
Pressure Drop – back 2 back
(One Eye)
MDLA vs. Dr. Rich – valldemossa IN AUDIOFURNITURE
(Sunshine Enterprises / g-stone)

R.D. VS. MDLA

RICHARD DORFMEISTER VS MADRID DE LOS AUSTRIAS
SUNSHINE ENTERPRISES
ON SNOW DESIGN BY F MAURER
(PAGE/SEITE 326/329)

DISCOGRAPHY / DISKOGRAPHIE

Contact / Kontakt

jeremiah@sil.at

Booking

jeremiah@sil.at

OWN RELEASES

Jeremiah - I Levels Vol. 1
(grow! Records) 12"
Jeremiah - I Levels Vol. 2
(grow! Records) 12"
The Last Disco Superstars
(grow! Records) 2x12"
Jeremiah - Alphabet E.P.
(grow! Records) 12"
Jeremiah - Talkin Snares E.P.
(grow! Records) 12"
Various - Grow! For It
(grow! Records) 12"
Don Disco & Jeremiah - Survivors / The Whistle Song
(grow! Records) 12"
Jeremiah - you and me / funky / moove ya feet / I don´t know
(grow! Records) 12"
The Last Disco Superstars - Starboogie!
(grow! Records) 2x12"
The Last Disco Superstars: Starboogie - The Remixes
(grow! Records) 12"
DJ Cartman - Disco Pulp / Toolbox
(grow! Records)12"
Various - Grow For It 2 EP
(grow! Records) 12"
DJ Cartman / the last disco superstars / jeremiah: wild life room
(grow! Records) 12"
Don Disco & Jeremiah - Chemistry / The Rhythm Track / Easy Busy
(grow! Records) 12"
Don Disco & Jeremiah - Autumn Light / All Directions
(grow! Records) 12"
Jeremiah - Only Dubbin On My 808 / Un Dia Soleado
(grow! Records) 12"
Calum Walker & Jeremiah - Groovin You
(grow! Records) 12"
Jeremiah - move ya booz (freaks remix) / sun
(grow! Records) 12"
Jeremiah - In Your Eyes (fresh&low remix)
(grow! Records) 12"
Jeremiah - Un Dia Soleado
(grow! Records) CD
Jeremiah - moves 2005 * IN AUDIOFURNITURE
(Coiner´s Den) 12"
Various - Club Bogaloo 2: BTO Spider & Jeremiah - at the bogaloo tonite
(Spinning Wheel) LP
Global Guidance pt.2: I-Levels - Dope Eyes 1996
(guidance recordings) 12"
I-levels - dope eyes / jeremiah - moove ya booz 1999
(guidance recordings) 12"
Grow - moove ya booz 2001
(guidance recordings) 12"
Various - crucial sounds grow! da orbital grow moonbooz E.P.
(guidance recordings) 12"
Jeremiah - Moove ya booz / Dub Boozer 1997
(guidance recordings) 12"

REMIXES FOR ARTISTS LIKE:

waldeck, ciudad feliz, hacienda, madrid de los austrias, dzhian&kamien, bask, bto spider, js zeiter, mika, dela dap, vienna dc, wolfgang muthspiel, 7th district, mauracher, indian masala..

JEREMIAH

COINER´S DEN
ON 3 FACES BY CAROLA STABAUER
(PAGE/SEITE 360/361)

Name // Christian Mahringer
Born // Summer of 1969
Hometown // Vienna
Own Style // House in all facets
Jimi Hendrix or Kraftwerk // Kraftwerk
„Wiener Schnitzel" or „Canard a l'orange" // Schnitzel
First music instrument // Recorder
Inspiration // Everything
Influences // Chicago / N.Y. / 1979
Favourite piece of furniture // My couch, my main residence
Snowboarding or Sofasurfing // Snowboarding!
Past // Student
Present // Mika's Daddy & My Studio
Future // More music

5 Alltime Classics

1- Phyllis Hyman - everything
2- Prescription Records - everything
3- Anita Baker - the songstress
4- Blaze - 25 years later
5- Fingers Inc. - another side

Name // Christian Mahringer
Geboren // Sommer 1969
Wo zu Hause // Wien
Eigener Stil // House in allen Facetten
Jimi Hendrix oder Kraftwerk // Kraftwerk
„Wiener Schnitzel" or „Ente a l'orange" // Schnitzel
Erstes Musikinstrument // Blockflöte
Inspiration // Alles
Einflüsse // Chicago / N.Y. / 1979
Lieblingsmöbel // Meine Couch, mein Hauptwohnsitz
Snowboarding oder Sofasurfing // Snowboarding!
Vergangenheit // Student
Jetzt // Mika's Papi & Mein Studio
Zukunft // Mehr Musik

5 Alltime Classics

1- Phyllis Hyman - everything
2- Prescription Records - everything
3- Anita Baker - the songstress
4- Blaze - 25 years later
5- Fingers Inc. - another side

5 Alltime Classics

M: Well, always the alltime question, my poor old seventies memory ist leaking ...
so what's on Kertal's stereo at the moment.

M: Gut, immer die "alltime" Frage, meine gute alte 70er Erinnerung ist undicht. ...
Also, was ist gerade auf Kertals Stereo.

feist – let it die
gustav – rettet die wale
klein records all stars
yo la tengo – and then nothing turned itself out
sonic youth – I dreamed I dream

S: Everyday I've got new all time favourites. Some I've had so far ...:
S: Ich habe jeden Tag neue "all time favourites". Eigene, die ich bisher gehabt habe ... :

Aha – Take on me
The notwist – This room
Ash – Sometimes
The Smiths – There is a light that never goes out
Maria Bill – I mecht so gern landen

_
Contact / Kontakt
_
mika@mikaella.org
http://www.mikaella.org
_
Booking
_
http://www.miooow.com/

DISCOGRAPHY / DISKOGRAPHIE

_
OWN RELEASES
_
mika – tomorrow
1999 (klein records) 12"
mika – mika
2000 (klein records) CD/LP
mika – the opposite of silence
2000 (mp3-ep)
mika – right place, right time ✲ IN AUDIOFURNITURE
2003 (klein records) CD
mika – my opinion never sleeps/ interesting times
2004 (klein records) 12"

_
REMIXES
_
Various – fm4 soundselection 11: mika & alec tron – scum (wir sind keine helden rmx) 2004
The Bunny Situation – be my tiger: life ain't funny (mika rmx) 2004
Various – city sounds: mika – jet (operator spice rmx) 2004
Binder & Krieglstein – desayuno (mika galaxy 500 mix) 2003
Various – eclectic sound of vienna 3: mika vs. tschamba fii & erobique – who are you talking to 2003
Various – lovers' walk – in 30 easy versions one of 30 soundtracks 2003
Various – sincerely yours: mika – trampolin 2002
Various – exorcising the ghosts: mika avec balsam – bitte sag jetzt nicht 2001
Various – style/ city collection; mika – atlas 2001
superformy – pop will save the world (mika rmx) (unreleased) 2001
Various – fm4 soundselection 6: mika – jet (zugvögel rmx) 2000
Various – habitat g: mika – atlas (prometheus rmx) 2000
Various – fm4 soundselection 5: mika – jamie 2000
Various – fm4 soundselection 4: mika – tomorrow (club rmx) 1999

MIKA

KLEIN RECORDS
ON FU-09 CHAIR BY FOR USE
(PAGE/SEITE 334/335)

Name // Simon Nola (S), Matthias Kertal (M)
Born // Mika's parents? Somewhere in the seventies, we guess.
Actually mika herself, she will soon leave the kindergarten.
Hometown // Left our little pigs home for the cities (Graz & Vienna).
Own Style // Yes (We hope so).
Jimi Hendrix or Kraftwerk // Jimi Hendrix AND Kraftwerk
„Wiener Schnitzel“ or „Canard a l'orange“ // Orange for Simon, Canard for Matthias.
First music instrument // M: cookware & wooden spoon / S: Harmonica
Inspiration // M: My Mum, her cats and an old dog (at least in one track ;-)
S: Listening to good music can be a great inspiration.
Favourite piece of furniture // M: The chair I'm sitting on. The chair I spend most of my life on at the moment.
S: My bed's my favourite furniture. It's big and I sleep like a dog.
Snowboarding or Sofasurfing // What a question: sofasurfing!
Past // S: For us, several positive things have resulted from making music in the past few years,
like getting to know people, getting the opportunity to travel to locations we wouldn't have been otherwise.
M: humm, so far 27 years, tendency increasing (or like my online dict says: buoyancy? Wow, what a word!)
Present // M: Answering this question.
S: At the moment, we're going on making music, but we also spend a lot of time for our 'real life' jobs.
Future // M: Answering next question.
S: I'm in a ,curious for the future' state.

Name // Simon Nola (S), Matthias Kertal (M)
Geboren // Mika's Eltern? Irgendwo in den Siebzigern, glauben wir.
Mika selbst, sie wird bald den Kindergarten verlassen.
Wo zu Hause // Haben die Ferkel zu Hause gelassen zugunsten der großen Stadt ... (Graz & Wien)
Eigener Stil // Ja (Wir hoffen doch).
Jimi Hendrix oder Kraftwerk // Jimi Hendrix UND Kraftwerk
„Wiener Schnitzel“ oder „Ente a l'orange“ // Orange für Simon, Ente für Matthias.
Erstes Musikinstrument // M: Kochtöpfe & Holzlöffel / S: Harmonika
Inspiration // M: Meine Mama, ihre Katzen und ein alter Hund (zumindest für einen Track) ;-)
S: Gute Musik zu hören, kann eine große Inspiration sein.
Lieblingsmöbel // M: Der Stuhl, auf dem ich sitze. Der Stuhl, auf dem ich momentan die meiste Zeit meines Lebens verbringe.
S: Mein Bett ist mein Lieblingsmöbel. Es ist groß und ich schlafe darin wie ein Hund.
Snowboarding oder Sofasurfing // Was für eine Frage: sofasurfing!
Vergangenheit // S: Mehrere positive Dinge sind für uns aus dem Musikmachen in den letzten paar Jahren entstanden.
So wie Leute kennen lernen, die Gelegenheit, zu Locations zu reisen, die wir sonst nie gesehen hätten.
M: Hmmmmm, bis jetzt 27 Jahre, Tendenz steigend.
Jetzt // M: Diese Frage beantworten.
S: Wir machen im Moment weiter Musik. Aber wir wenden viel Zeit auf für unsere „Real life“-Jobs.
Zukunft // M: Die nächste Frage beantworten.
S: Ich bin in einem „Neugierig-auf-die-Zukunft“ - Zustand.

Publisher Information

pure austrian design

IDEA, CONCEPT, AUTHOR AND REALISATION
JULAND BarcelonaVienna
IDEE, KONZEPT, AUTOR UND REALISIERUNG
JULAND BarcelonaVienna

Contact/Kontakt
ANDRES FREDES
andres.fredes@in-austria.com
JULIA TAUBINGER
julia.taubinger@in-austria.com
STEFAN LECHNER
stefan.lechner@in-austria.com

JULAND
BarcelonaVienna

Bergsteiggasse 14-16/2/5
A-1170 Wien
T +43 (0) 1 407 59 68
F +43 (0) 1 407 59 68
office@in-austria.com
www.pureaustriandesign.com
www.julandscape.com

INDEXBOOK
Publishing
International distribution

Concell de Cent 160 Local 3
08015 Barcelona
T +34 93 454 55 47
F +34 93 454 84 38
ib@indexbook.com
www.indexbook.com

ODYSSEUS
Printing

Erlaaer Straße 20
A-1230 Wien
T +43 (1) 867 49 89
F + 43 (1) 867 49 89 -20
cvr@odysseus-print.at
www.odysseus-print.at

ARCTIC PAPER
Paper

Hainburgerstraße 34a
A-1030 Wien
T +43 (1) 712 70 90-36
F + 43 (1) 712 70 98
www.arcticpaper.at

Our Photographers/ Unsere Fotografen
DITZ FEJER
office@ditzfejer.com
www.ditzfejer.com
FREDES ANDRÉS
JULAND Barcelona Vienna
office@in-austria.com
www.julandscape.com

JULAND is a territory of Reflection and Development of Design, Music, Contemporary Architecture and the forms nourishing them. JULAND is developing projects in the architectural, publishing, design and event sector.

JULAND ist ein Territorium der Reflektion und der Entwicklung von Design, Musik, zeitgenössischer Architektur und der Formen, die diese nähren. JULAND entwickelt Projekte im Architektur-, Publishing-, Event- und Designbereich.

ISBN 84-96309-11-8

CO-AUTHORS, TRANSLATORS / CO-AUTOREN, ÜBERSETZER

_
Company texts
STANZL EVA
Journalistin, Wien
eva@stanzl.org.uk

_
Company texts
WRANKE CHRISTOPH
Studium der Architektur in Karlsruhe und Wien;
Publikationen zu Architektur und Design in Zeitungen und Fachmagazinen
Xtoph.w@web.de

_
Translation
HARTL INGRID
Studium der Germanistik und Anglistik, Schwerpunkt Literatur;
diverse Übersetzungstätigkeiten
ihartl@gmx.at

_
Translation
AKCAY YESIM
Yesim.Akcay@gmx.net

_
Text
PURE AUSTRIAN DESIGN
The hybrid deer in the global magic forest
PURE AUSTRIAN DESIGN
Der hybride Hirsch im globalen Wunderwald
ULI MARCHSTEINER M.A.
www.marchsteiner.com

_
Text
BEYOND THE STEREOTYPES
Austrian design between a return to tradition and open mindedness
JENSEITS DER KLISCHEES
Österreichisches Design zwischen Rückbesinnung und Offenheit
PETER ZEC
Design Zentrum Nordrhein Westfalen
www.red-dot.de

_
Text
AUSTRIAN DESIGN CURRENT
Austrian design identity at a juncture
ÖSTERREICHISCHER DESIGN FLUSS
Österreichische Designidentität an einem Knotenpunkt
TULGA BEYERLE
Section.a
www.sectiona.at

_
Text
DEVELOPMENT AID FROM MIDDLE EUROPE
What can unique characteristics develop from that give advantage to life forms or products?
ENTWICKLUNGSHILFE AUS MITTELEUROPA
Woraus können sich einzigartige Charakteristiken entwickeln, die Lebewesen oder Produkten Vorteile im Leben bringen?
BERNHARD ROTHBUCHER
FH Salzburg
Studiengang Design-, Und Produktmanagement
Fachbereichsleiter Industrial Design

_
Text
FROM THE MEDITERRANEAN TO THE DANUBE
Juland´s search for the Pure Austrian Design
VOM MITTELMEER AN DIE UFER DER DONAU
Juland beschreibt seine Suche nach dem Pure Austrian Design
ANDRÉS FREDES
JULIA TAUBINGER
JULAND BarcelonaVienna
Editors
www.julandscape.com

THANKS TO ALL THE MODELS, AGENCIES AND PERSONS ASSOCIATED WITH THE PHOTOS IN THIS BOOK.
DANKE AN ALLE MODELLE, AGENTUREN UND PERSONEN, DIE MIT DEN BILDERN/FOTOS IN DIESEM BUCH IN VERBINDUNG STEHEN.

DIETZ FEJER
PHOTOGRAPHER

CONCRETO, Franz Schubert from Morawa / HUSSL, Andrey Nenott / MDesign3, Gerhard Kroissenbrunner / MANDL&BAUER, Eva / MÜHLBÖCK, Simone / THONET, Lisa / VITEO, Christoph from the Würztal / ‚Eierschwammerl' in the house of G.Kolmanitsch in Veitsch / Rudolf Reisenegger in Ganz near Mürzzuschlag / Traude & Mo at the ‚Country' in Leoben / Cloude Nikiema-engineer at Wiener Festwochen / Marlies Doutlik with traditional clouths in Vienna / Nana Khomarloo / Julia as sportswoman / Mia Filipa-small baby / Jan Schubert-student in Vienna and Finland / Tetsuya Sendoh-student of sociology in Vienna and Japan

GABI OBERSCHNEIDER / IRENE + LISI CICEK
VISAGISTS

ANDRÉS FREDES
PHOTOGRAPHER

LOP:NOR on ‚stack system' by AWS, Restaurant ‚Kim kocht' / ZEEBEE, ‚Julands Schrebergartenhaus' / KARL MÖSTL on ‚chilli chair' by Guggenbichler, Studio Juland´s soundsystem / BASSMAN on ‚stuhl-03' by Wolfgang Ure, China in Juland / ALBANEK on alu dining chair by Rainer Mutsch, DPD - express delivery boy, Mario Brichta / STEREOTYP on ‚eater`s gift' by Lucy.d, ‚Blackmarket' music store / FORMS OF PLASTICITY on ‚garcia' by Martin Mostböck, Julia Taubinger with discography/ MAURACHER on ‚white tattoo' by Polka, square behind the opera / WAXOLUTIONISTS with ‚ping meets pong' by Walking-chair, Puch DS 50 of Mr. Taubinger / PANOPTIKUM on ‚ribbon chair' by Christian Susana, wooden floor / CAY TAYLAN on ‚winglet' by Maybe design, Restaurant Kent / PAROV STELAR on ‚falb' by bkm, shelf of vinyls at Moneypoint / R.D. VS. MDLA on ‚snow', design by f maurer, the three spanish players / JEREMIAH on ‚3 faces' by Carola Stabauer, A1 lounge entrance floor / MIKA on ‚FU-09' by For use, Mika Filipa before going to the kindergarten / GRAZ Kunsthaus with trees / BACKSTAGE SERIES

HERTHA HURNAUS
PHOTOGRAPHER
Köstlergasse 3/9
A-1060 Wien
T/F +43 (01) 523 50 64
M +43/699/10441733
www.hurnaus.com

MODELS FROM//
UNIQUE MODELS // STREITNER, Sarah

UNIQUE MODELS VIENNA
Schmalzhofgasse 16
1060 Wien
T +43 (0) 1 4039706
F +43 (0) 1 4039706-22
www.unique-models.at

MODELS FROM//
STELLA MODELS // CONFORM, Corina / EWE, Theresa / SCHMIDINGERMODUL, Yany / WITTMANN, Yany

STELLA MODELS
Kaunitzgasse 9/6
A-1060 Wien
T +43-1-586 90 27
F +43-1-586 90 30
office@stellamodels.com
www.stellamodels.com

MODELS FROM//
WIENER MODELS // NANULICHT, Gregor / NEUE WIENER WERKSTÄTTE, SANDRA / TEAM 7, Daniel / SUNSQUARE, Gabriele / Fabienne with the strings

WIENER MODELS
Rudolfsplatz 10
T +43 (0) 1 533 22 77
F +43 (0) 1 535 32 67
A-1010 Wien
office@wienermodels.com
www.wienermodels.at

WITHOUT THE COLLABORATION OF ALL THESE PERSONS THIS PROJECT COULD NOT HAVE BEEN REALISED. THIS IS WHAT WE CALL NETWORKING. THANKS A LOT AGAIN.
OHNE DIE MITARBEIT DIESER PERSONEN HÄTTE DIESES PROJEKT NIEMALS REALISIERT WERDEN KÖNNEN. DAS NENNEN WIR NETWORKING. NOCHMALS VIELEN DANK.

SPECIAL THANKS

Thomas Bene
Tulga Beyerle
Antoni Canal
Sylvia Canal
Morgan Dews
Marlis Doutlik
Eduardo Flores
Reinhold Fleischmann
Charles Hatcher
Heinz Hofer-Wittmann
Indexbookteam
Bernd Klausberger
Fritz Köhler
Wolfgang Kowatsch
Nora Kutzbach
Lilo D:vision
Isabel Llorente
Barbara Muchitsch
Claude Nikiema
Jordi Perramon
Fidel Peugot
Karl Emilio Pircher
Kai Riedesser
Paco, Francisco Rodríguez
Christian Rösner
Bernhard Rothbucher
Lisi Schack
Margarete Schiesswohl
Jan Schubert
Stefanie Seufert
Sunshine enterprises
Familie Taubinger
Lothar Trierenberg
Heinz Tronigger
Tetsuya Tsendo
Heinz Walter
Jürgen Weisshäupl
Tom Wieland
Markus Wiesner
Sophie Wilhelm
Dolunay Yerit
Peter Zec

THANKS

Habliczek Gerhard
Johannes Breiteneder
Karin Cervenka
Sabine Dortschy
Elisabeth Gruber
Monika Haydn und Manfred Wurz
Helmut F. Sartorius
Katharina Kothmiller
Christian Köck und Team
Benjamin Lehner
Katharina Rössle
Paul und Renate Schäffler
Severin Filek
Peter Stuiber
Volker&Volker von Vipers
Benno Wutzl

WE USE 3 FONTS
THANKS TO THE FONT ARTISTS

For titles we use:
Coastboy Fontdesign

Sven Stüber for
52NORD Designbüro.
www.52nord.de

For the rest we use:
Walking Chair Font design

Sack Font design

Fidel Peugeot
www.walking-chair.com

WE USE THE PAPER:

Cover: Glacier by Arctic Paper
Arctic Gloss + Arctic The Volume 400 g/m2
Inside: Arctic The Volume 130 g/m2
www.arcticpaper.com

THANKS FOR THE SUPPORT

BUNDESKANZLERAMT ÖSTERREICH/BKA
www.bka.gv.at

WIRTSCHAFTSKAMMER ÖSTERREICH/WKO
www.wko.at
www.austriantrade.org

DAS MÖBEL
www.dasmoebel.at

AUSTRIAN FURNITURE INDUSTRY
www.moebel.at

TOOLS AT WORK
www.toolsatwork.at

SOUL SEDUCTION
www.soulseduction.at

—
1
BENE AG
Schwarzwiesenstr. 3
A-3340 Waidhofen/Ybbs
T +43 (0) 7442 500-0
F +43 (0) 7442 500-3380
office@bene.com
www.bene.com

Showroom wien
Renngasse 6
A-1010 Wien
T +43 (0) 1 534 26-0

Contact
Manfred Bene (ceo)
Roland Marouschek (general manager sales and distribution)
Thomas Bene
(director marketing & portfolio)

—
2
CONCRETO GMBH
Marktplatz 19
A-4170 Haslach
T +43 (0) 7289 72010
F +43 (0) 7289 72010-20
office@mandl-bauer.at
www.mandl-bauer.at

Contact
Manfred Bauer
Josef Mandl

—
3
CONFORM BADMÖBEL GMBH
Brennbichl 60
A-6460 Imst
T +43 (0) 5412 63493
F +43 (0) 5412 63493-11
office@conform-badmoebel.at
www.conform-badmoebel.at

Contact
Herbert Schwingenschuh (general manager)
Silvia Trenker (marketing)

—
4
EWE KÜCHEN GMBH
Dieselstraße 14
A-4600 Wels
T +43 (0) 7242 237-0
F +43 (0) 7242 237-221
service@ewe.at
www.ewe.at

Contact
Doris Pacher (general manager, marketing)
Alexander Lüftenegger (design, production)
Barbara Sommer (management, design, sales)

—
5
GRUBER+SCHLAGER MÖBELWERKSTÄTTEN GMBH
A-4974 Ort im Innkreis 140
T +43 (0) 7751 8911-0
F +43 (0) 7751 8911-44
gs@gruber-schlager.com
www.gruber-schlager.com

Contact
Andrea Gruber-Auer (general manager)
Oliver Rihl (export)
Simon Peter Hödlmoser (intern)

—
6
HUSSL GMBH & CO KG
Ulmberg 22
A-6123 Terfens
T +43 (0) 5224 68733-0
F +43 (0) 5224 68733-22
info@hussl.at
www.hussl.at

Contact
Peter Hussl

—
7
MANDL&BAUER OEG
Marktplatz 19
A-4170 Haslach
T +43 (0) 7289 72010
F +43 (0) 7289 72010-20
office@mandl-bauer.at
www.mandl-bauer.at
Contact
Bauer Manfred
Mandl Josef

—
8
M-DESIGN3
Garten&Raum
Hochstrass 360/1
A-3033 Altlengbach
T +43 (0) 2773 42540
F +43 (0) 2773 42540-2
office@garden.at
www.mdesign3.at

G&K – Metallbau GmbH
Badener Strasse 71
A-2751 Matzendorf
T +43 (0) 2628 653-30
F +43 (0) 2628 653-40
office@gk-metall.at
www.mdesign3.at

Contact
Jörg Zecher
Rudolf Gratzl

—
9
MÜHLBÖCK KÜCHE.RAUM GMBH
Schloss Neuhaus
A-4114 Neuhaus 1

T + (0) 7232 38121
F + (0) 7232 38121-15
office@muehlboeck.at
www.muehlboeck.at

Contact
Martin Mühlböck

—
10
NANU LICHT NACH MASS
Josefstätterstraße 44
A-1080 Wien
T +43 (0) 1 406 25 28
F +43 (0) 1 403 76 61
office@nanulicht.at
www.nanulicht.at

Contact
Gernot Manske

—
11
NEUE WIENER WERKSTÄTTE KAPO MÖBELWERKSTÄTTEN GMBH
A-8225 Pöllau
T +43 (0) 3335 2094-0
F +43 (0) 3335 2094-40
office@kapo.co.at
www.kapo.co.at

Showroom Wien
Theresiengasse 6
A-1180 Wien
T +43 (0) 1 405 61 25
showroom.wien@kapo.co.at
www.kapo.co.at

Contact
Karl Hans Polzhofer IV (general manager)
Johann Heil (product development)
RupertSeemann (sales)

—
12
SCHMIDINGERMODUL
SCHMIDINGERMODUL WOHN- UND OBJEKTBEDARF GMBH
Stangenach 146
A-6867 Schwarzenberg
Tel. +43 (0) 5512 2782-14
Fax. +43 (0) 5512 2782 - 2
info@schmidingermodul.at
www.schmidingermodul.at

Contact
Wolfgang Schmidinger

—
13
STREITNER – INDIVIDUUM DESIGN-MÖBEL
ING. A. STREITNER GES.M.B.H.
Ipftal 1
A-4491 Niederkirchen
T +43 (0) 7224 7385
F +43 (0) 7224 7404
office@streitner.at
www.streitner.at

Contact
Alois Streitner (general manager)
Norbert Gruber (marketing)

—
14
SUNSQUARE®
ROBERT KAUTZKY
Hochäckerstrasse 4-6
A-3430 Tulln/Donau
T +43 (0) 2272 81817 0
F +43 (0) 2272 81817 99
info@sunsquare.com
www.sunsquare.com

Contact
Robert Kautzky (general manager)
Fritz Köhler (marketing)

—
15
TEAM 7
NATÜRLICH WOHNEN GMBH
Braunauer Straße 26
A-4910 Ried im Innkreis

F +43 (0) 7752 977-146
F +43 (0) 7752 977-777
natuerlichwohnen@team7.at
Info@team7.at
www.team7.at

Contact
Georg Emprechtinger (general manager)
Erwin Berghammer (marketing)
Karl Auer (design)

—
16
THONET VIENNA
GEBRÜDER THONET VIENNA GMBH
Hegelgasse 11
A-1010 Wien
T +43 (0)1 310 20 02-0
F +43 (0)1 310 20 02-13
objektwien@thonet-vienna.at
www.thonet-vienna.at

Contact
Anna Castagna

—
17
VITEO OUTDOORS
VITEO DESIGNMÖBEL GMBH
Murecker Straße 27
A-8472 Straß
T +43 (0) 3453 2066 2
F +43 (0) 3453 200606
office@viteo.at
www.viteo.at

Contact
Pichler Wolfgang (design)
Pichler Cornelia (sales)

—
18
WIESNER-HAGER MÖBEL GMBH
A-4950 Altheim
Linzer Straße 22
T +43 (0) 7723 460-0
F +43 (0) 7723 460-331
altheim@wiesner-hager.com
www.wiesner-hager.com

Showroom Wien
Gonzagagasse 15
A-1010 Wien
T +43 (0) 1 532 61 62
F +43 (0) 1 532 61 66
wien@wiesner-hager.com
www.wiesner-hager.com

Contact
Markus Wiesner (general manager)
Franz Gurtner (marketing)
Holzkorn Manfred (sales/distribution Austria)

—
19
WILLL MANUFAKTUR ARCHITEKTUR MÖBELKULTUR
JOHANN WILL GMBH
Grossglobnitz 47
A-3910 Zwettl
T +43 (0) 2823 228
F +43 (0) 2823 228-19
office@willl.at
www.willl.at

Contact
Johann Will (general manager)
Johannes Will (design)

—
20
WITTMANN
MÖBELWERKSTÄTTEN GMBH
Obere Marktstraße 31-33
A-3492 Etsdorf am Kamp
T +43 (0) 2735 2871
F +43 (0) 2735 2877
info@wittmann.at
www.wittmann.at

Showroom Wien
Akademiehof at the/bei der Secession
Friedrichstraße 10
A-1010 Wien
T +43 (0) 1 585 77 25
F +43 (0) 1 585 7725-9
www.wittmann.at

Contact
Heinz Hofer-Wittmann (general manager)
Christian Kircher (marketing/distribution)
Denk Karin (press)

—
21
ZUMTOBEL STAFF GMBH
Schweizer Strasse 30
A-6850 Dornbirn
T +43 (0) 5572 390-0
F +43 (0) 5572 22826
www.zumtobelstaff.com

ZUMTOBEL STAFF Österreich VERTRIEBS GMBH
Lasallestraße 7a
A-1020 Wien
T +43 (0) 1 258 2691-0
F +43 (0) 1 258 2601-51
www.zumtobelstaff.at

EMINENT COMPANIES
DESIGNERS / PRODUCTS

_
1
BENE
Eoos / Filo
Christian Horner / Folding_Com table, Rondo,
Johannes Scherr / Coffice Twist Sofa, Coffice Twist Sofa single, K2 Caddy, Rondo, Folding_Com, Cart Caddy,
Kai Stania / AL X9, Folding_com, Rondo
Bene Design / X9, Lift Table, M_Com Table

_
2
CONCRETO
Mandl&Bauer / Tisch, Platte, Esstisch mit Platte, Tisch auf Edelstahlsockel
M. Bauer / Standbecken, Wandfeuer,
Ebner / Waschtisch

_
3
CONFORM
Herbert Schwingenschuh , Silvia Trenker / Cubagno

_
4
EWE
Coop Himmelb(l)au / Mal-Zeit, Soft Mobil

_
5
GRUBER&SCHLAGER
Atelier Klinger / Kala
Gruber+Schlager / Elements, Logo, Dreamline, Cubiko
Look 4 Design / Elements

_
6
HUSSL
Arge 2, Georg Kaserer, Mike Spindler / Forum, ST3, ST6, Podium
Franz Polzhofer / Pur

_
7
MANDL&BAUER
Mandl&Bauer / Fire board, Kamin hochformatig, offener Kamin, Fire cube
Martin Mühlböck, Mandl&Bauer / Fire cube
Boley Brödl / Gaskamin

_
8 **M-DESIGN3**
Jörg Zecha / series M-Design3

_
9
MÜHLBÖCK
Martin Mühlböck / series Mühlböck kitchen

_
10
NANU LICHT NACH MASS
Manske Gernot / series lights

_
11
NEUE WIENER WERKSTÄTTE
NWW Designteam / WW19 Modulsystem, WW 29, Venus, Lunar
Heinz Klein / Alex
Jan Wichers / Juliette, Weekend
Yunt-Pehlivanli Artemis / Adagio
Hans Hopfer / Forever
Gerald Brandstätter / Tonic

_
12
SCHMIDINGER MODUL
Bitzer Christoph, Sirch Wolfgang / Der König von Schu
Steiner Christian / Alser, Exel Stapelstuhl, Delta
Steven Holl / Loisium, Simmons Hall
Harri Koskinen / Fatty Container
Helmut Galler / Blocktisch, Ladie´s desk, ON
Merani Lorenzo / Hop

_
13
STREITNER / INDIVIDUUM
Rohringer Hannes / box rounded, Card fixed, Card mobil, Card roadster, Card wagon, Box cornered, Mix it!, Giraffe

_
14
SUNSQUARE®
Wurz Gerald / Sunsquare

_
15
TEAM 7
Auer Karl / Cubus, Be, Linee, Loft, Team 7, Valore
Armgardt Jan / Be
Ballendat Martin / Magnum

_
16
THONET-VIENNA
Enzo Mari / Mary 10-3560
Thonet Vienna / Gartenstuhl No. 4
Vico Magistretti / Magistretti 03 03
Carlo Colombo / Online 10-3785, Online 10-3731, Online 10-3774, Online 10-3709, Passage 10-3808, Passage 10-3801, Passage 10-3802, Unit 10-3751
Silvia Suardi / Zoom 10-3902, Zoom 10-3904
Segzin Aksu / Zoom 10-3902, Zoom 10-3904
Studio Cerri & Associati / Online 10-5300
Hermann Czech / Czech

_
17
VITEO
Wolfgang Pichler / Lounge chair, Frühstück, Lounge, Mittag, BBQ, Sunny side, Family business, Hausbank, Tradition, Sonnenuntergang, Mood, Pool Zone

_
18
WIESNER-HAGER
Philipp Haselwander , (Tutor) Martin Ballendat / Compod.play, Compod.move, Compod.create, Compod.meet

_
19
WILLL
Johannes Will / Soft wall, up and down, Zig Zag, City lounge, Will office reception desk, Willl tables, Willl Cigador
Johann Will / Z01, C01, Padre

_
20
WITTMANN
Andreas Struppler / Davos, Sydney
Manfred Walkolbinger / Chill out
Friedrich Kiesler / Correalistic furniture & Rocker
Paolo Piva / Tavolo & Panca, Madison Square, Mokka, Loft, Smara
Jan Armgardt / Rio
Josef Hoffmann / Kubus

_
21
ZUMTOBEL STAFF
Massimo losa Ghini / Solar II
Jean-Michel Wilmotte / Xeno
Matteo Thun / Latrave, Luxmate Emotion
Hartmut S. Engel / Spheros
Hans von Malotki / ID-VM
Sottsass Associati / Light fields
Rupert Kopp von Greige / Evio
Ingenhoven and Partner Architects / Freeline

EMINENT COMPANY PHOTOGRAPHERS

1
BENE
Bernhard Angerer
Udo Titz

2
CONCRETO
Dietmar Tollerian

3
CONFORM
Michael Gasser

6
HUSSL
Josef Köchler
Christoph Strom

7
MANDL&BAUER
Manfred Bauer
Christian Mathe

8
M-DESIGN3
Sascha Jakab

9
MÜHLBÖCK
Ms Fotogroup Gmbh
Martin Mühlböck
Werner Satori

10
NANU LICHT
Gernot Manske

11
NEUE WIENER WERKSTÄTTE
B. Angerer
WW-Studio
F. Chimenti

12
SCHMIDINGERMODUL
Adolf Bereuter
Regine Hendrich
Andy Ryan

13
STREITNER
Fotostudio Manfred Lang

14
SUNSQUARE®
Fritz Köhler
Sunsquare

15
TEAM 7
Fotostudio Manfred Lang

17
VITEO
Croce+wir

18
WIESNER-HAGER
Staudinger+Franke,
Fotostudio Manfred Lang
Philipp Haselwander
H1-Studios Hinterleitner

19
WILLL
Hertha Hurnaus,
Paul Ott
Will Johannes

20
WITTMANN
Bernhard Angerer

21
ZUMTOBEL STAFF
Phil Sayer

GERHARD ABEL / PLA.NET
Hietzinger Hauptstrasse 144/10
A-1130 Vienna
T +43 (0) 1 990 42 89
F +43 (0) 1 990 39 67
abel@architects-pla.net
www.architects-pla.net

AWS DESIGN / ADAM WEHSELY-SWICZINSKY
Hollandstraße 9/7
A-1020 Wien
T +43 (0) 699 19 42 58 31
F +43 (0) 1 94 25 831
offi ce@awsdesign.cc
www.awsdesign.cc

GEORG BECHTER DESIGN
Obere Donaustraße 43/2/32
A-1020 Wien
M +43 (0) 650 860 30 96
heimatstunden@gmx.at
www.haengematten.at

MARTIN BEREUTER DESIGN
Haidach 283
A-6951 lingenau
T +43 (0) 5513 6487-4
buero@tischlereibereuter.at
www.tischlereibereuter.at

BKM DESIGN-ARBEITSGEMEINSCHAFT
Katharina Maria Bruckner
Herbert Klamminger
Stefan Moritsch
Diefenbachgasse 42/1/6
A-1150 Wien
T +43 (0) 1 895 25 58
info@bkm-format.com
www.bkm-format.com

DELFINE ARCHITEKTEN
Karin Hepp
Andreas Thomczyk
Gumpendorferstraße 94/1/12
A-1060 Wien
T +43 (0) 1 208 62 62
F +43 (0) 1 208 62 62
office@delfine.info
www.delfine.info

DESIGN BY F MAURER I VIENNA
Rechte Bahngasse 40
A-1030 Wien
T+ 43 (0) 1 512 10 30
design@fmaurer.com
www.fmaurer.com

DÜR DESIGN / TISCHLEREI
Raimund Dür
Robert Rüf
Reinold Knapp
Vorholz 264
A-6861 Alberschwende
T +43 (0) 5579 3320
F +43 (0) 5579 33204
duer.tischlerei@aon.at

EOOS
Gernot Bohmann
Martin Bergmann
Harald Gründl
Theresiengasse 11/15
A-1180 Wien
T +43 (0) 1 405 39 87
F +43 (0) 1 405 39 87-80
design@eoos.com
www.eoos.com

FOR USE
Christoph Katzler
Sven Jonke
Nikola Radeljkovic
Canisiusgasse 13/16
A-1090 Wien
T +43 (0) 1 310 25 72
F +43 (0) 1 310 25 72
foruse@eunet.at

GUGGENBICHLER DESIGN
Harald Guggenbichler
Heike Kubista
Schellhammergasse 3/1
1170 Wien
T +43 (0) 699 1924 1530
F +43 (0) 1 804 39 44
design@guggenbichler.at
www.guggenbichler.at

KAI STANIA PRODUCT DESIGN
Kai Stania
Hietzinger Kai 205e
A-1130 Wien
M +43 (0) 664 1046611
office@kaistania.com
www.kaistania.com

KIJODE TM
Kai Riedesser
Johannes Bayer
Denise Ender
Augartenstrasse 39
A-6890 Lustenau
T + 43 (0) 5557 63 177
rockon@kijode.com
www.kijode.com

MARTIN MOSTBÖCK
Schönlaterngasse 5/4/3
A-1010 Wien
T +43 (0) 1 513 65 90
martin.mostboeck@chello.at
www.martin-mostboeck.com

RAINER MUTSCH DESIGN
Löwengasse 53/8
A-1030 Wien
M +43 (0) 664 453 55 25
www.rainermutsch.net
studio@rainermutsch.net

NIN DESIGNSTUDIO
Katharina Prantner
Gardegasse 3
A-1070 Wien
T +43 (0) 664 27 06276
F+43 (0) 1 586 66 11
office@nin.at
www.nin.at

POLKA

Marie Rahm
Monica Singer
Mariahilfestrasse 9/7
A-1060 Wien
T +43 (0) 699 1169 9096
T +43 (0) 699 1115 6936
F +43 (0) 1 524 05 31
office@polkaproducts.com
www.polkaproducts.com

ANGELIKA RÜMMELE

Angelika Rümmele
Atelier PINSELBURG
A-6850 Dornbirn
Tulpengasse 5
A-1080 Wien
T +43 (0) 664 183 77 84
rotarioatelier@rotario-glass.com
www.rotario-glass.com

CAROLA STABAUER DESIGN STUDIO

Carola Stabauer
Schönbrunnerstrasse 31/1/14
A-1050 Wien
T +43 (0) 1 913 41 89
F +43 (0) 1 913 41 89
carolastabauer@yahoo.de

CHRISTIAN SUSANA / FORM FINDER

Christian Susana
Marktstraße 37a
A-6850 Dornbirn
M +43 (0) 650 200 40 72
christian.susana@formsache.co.at
www.formsache.co.at

TRAXLER / MISCHER DESIGN STUDIO

Katharina Mischer
Thomas Traxler
T +43 (0) 650 369 25 87
thomas_traxler@hotmail.com
katharina_mischer@hotmail.com

WOLFGANG URE / SCHWERE AUSSTATTUNG

Wolfgang Ure
Czerningasse 17
A-1020 Wien
T +43 (0) 1 212 30 48-0
F +43 (0) 1 212 30 48-28
www.ure.at

WALKING-CHAIR DESIGN STUDIO

Karl Emilio Pircher
Fidel Peugeot
Rasumofskygasse 10
A-1030 Wien
T +43 (0) 1 713 24 84
F +43 (0) 1 713 24 84 39
contact@walking-chair.com
www.walking-chair.com

WILL/LEOPOLD

Bernd Leopold
Volkertstraße 17/30
A-1020 Wien
T +43 (0) 660 657 4954
berndleopold@aon.at

Johannes Will
Ferdinandstraße 11/2/34
A-1020 Wien
T +43 (0) 676 935 2338
johannes@willl.at
www.willl.at

EMERGING DESIGNERS
PRODUCTS / PRODUCERS

GERHARD ABEL
Kufner Futures GmbH / Interactive coffee table, One smart display
Handles / Hook "Model G"

AWS
Lomographische Gesellschaft / Color splash flash
Wiener Jugendzentrum / Jam

GEORG BECHTER
Mohr, Andelbuch / Prototyp Latexbadewanne
Köss, Egg / Woorock, Gti-der schnelle Flitzer

MARTIN BEREUTER
Tischlerei Bereuter, Lingenau / Halbewahrheitganzewahrheit, Holz, Jodok+Klara

BKM
bkm / Prototyp Falb, Prototyp One Squared, Prototyp Buchhalter 3

DESIGN BY F MAURER
Design by f maurer (www.fmaurer.com) Prototyp Snow, Prototyp Rita, Muh,
Artificial designvertrieb / (www.artificial.de) / set of vases no.2, color column, Iceblock
Petritsch GmbH (www.petritsch.at) Cosmetic Packaging
Raumgestalt GmbH (www.raumgestalt.net) Dance of glases
Mono (www.mono.com) Concave

DÜR DESIGN
Tischlerei Dür / Filzbank, Portable, von Hocker zu Bank, Sekretär klappbar

EOOS
Montina / Sweet wood
Zumtobel Staff / Vivo
Bene / Filo Europe
Keilhauer / Filo USA
Walter Knoll / Together
Matteograssi / Kube

FOR USE
MDF Italia / FU-09
Capellini / HPLC, FU-05
Zanotta / Large
Interlübke / L-Bed

GUGGENBICHLER
Fermob / aluminium furniture
Insieme / Birdland, Flowerwall, Stick together, Lucky fruits
Jongform / Chill®

KAI STANIA
M&C Oswald / Swing
Haratech / Swing
Lanvin / 4Time (2006)
Cerruti 1881 / CR 10

KIJODE TM
Bayer Kartonagen / Prototyp Bollo, Bayer Kartonagen
Sitag / Ill_Bill, Fatih, Vladimir

LUCY.D
TKD / Lucy
Keramik Seiser / Ryker
Glasatelier Steinschönau / Scott

MAYR&GLATZL
M&G / Ping, Pong, Kaba, Ketchup Kast´l, Schecki, Zebrax, U-ZE

MARTIN MOSTBÖCK
Braun-Lockenhaus / Garcia
Eternit / Twista

NIN
Nin Katharina Prantner / Leega, Gin, Bacchus, Corbu, Dica, Impuls, Mzt & Mzk

CAROLA STABAUER
Werner Skvara, Carola Stabauer / Twist, Loop, 3 Faces

CHRISTIAN SUSANA
Wellness Group Belgien / Tanningbed Timeless

WOLFGANG URE
Wolfgang Ure / Stuhl-03, Küche W4, Regal-W02, Ladenschrank

WALKING CHAIR
Walking-Chair Design Studio GmbH / Walking chair, Bottleboy
Kunstdünger OHG & CO / Ping meets pong, Message people
Lomografische AG / Colorsplash, Supersampler

EMERGING DESIGNERS
PHOTOGRAPHERS

GERHARD ABEL
Gerhard Abel

AWS DESIGN
Fotostudio Haiden und Baumann OEG
Adam Wehsely-Swiczinsky
Berghold & Peischl
Miguel Dieterich

GEORG BECHTER
Adolf Bereuter
Juland, Andres Fredes
Johannes Pelkofer

MARTIN BEREUTER
Adolf Bereuter
Arno Gisinger

BKM
Gerhard Ramseder
Bkm

DAS MÖBEL
Stephan Trierenberg,
Twinberg

DELFINE
Franz Schachinger
Thomas Brenner Rendering

DESIGN BY F MAURER
Helmreich Franz
Inmann
Mono
Whatashot

FOR USE
Studio Controluce
Marino Ramazzotti
For Use
Matthew Brody
Grahame Montgomery

GUGGENBICHLER DESIGN
Alexander Koller
Harald Guggenbichler
Studio Rembrandt

KIJODE
Alexander Bayer

LUCY.D
Katharina Schober
LUCY.D / Hängematte, Tabula
Michael / Ryker Teller
Georg Schnellnberger / Scott Gläser
Jürgen Böheimer / Eater's Gift

MAYBE DESIGN
Maurizio Maier

MAYR&GLATZL
Tiana Wirth
Juliette Treinen

MARTIN MOSTBÖCK
Udo Titz
Eternit Werke
Martin Mostböck

RAINER MUTSCH
Kati Jerabek
Mirko Kisser
Studio Rainer Mutsch

NIN
Nenad Jovanovic
Katharina Prantner
Gerhard Abel

POLKA
Irina Gavrich
Robert Brandstätter
Lisi Gradnitzer

ANGELIKA RÜMMELE
Fotostudio Andorfer Wien

CAROLA STABAUER
Hertha Hurnaus

WOLFGANG URE
Stefan Ohláh

WILL LEOPOLD
Herta Hurnaus
Johannes Will
Bernd Leopold

WALKING-CHAIR
Tobias Madörin / Walking-Chair
Günter Parth / PingMeetsPong

ANGELIKA KÖHLERMANN
T +43 (0) 1 5572 33331
angelika@koehlermann.at

COINER´S DEN
bto@btospider.com
www.btospider.com

COSMIC SOUNDS
4c Randolph Gardens
NW6 5EH,
London, UK
info@cosmicsounds-london.com
www. cosmicsounds-london.com

COUCH RECORDS
Lindengasse 25
A-1070 Wien
T +43 (0) 1 5225 707
F +43 (0) 1 522570714
office@couchrecords.com
www.couchrecords.com

ECCO CHAMBER
Spengersteig 21
A-1160 Wien
T +43 (0) 1 481 5454-50
F +43 (0) 1 481 5454-11
office@eccochamber.com
www.eccochamber.com

FABRIQUE RECORDS
Blumentalgasse 23
A-1230
T +43 6994 26 03-0
F +43 6994 26 03-510
office@fabrique.at
www.fabrique.at

G-STONE RECORDINGS
Richard Dorfmeister&Partner GnbR
Goldeggasse 1-3
1040 Wien
www.g-stoned.com

KLEIN RECORDS
Siebensterngasse 19/1/3
A-1070 Wien
Tel: +43 1 5973200
Fax:+43 1 5973200-16
info@kleinrecords.com
www. kleinrecords.com

MOUTH TO MOUTH
Ernst Bergmanngasse 46
A-1140 Wien
T +43 (0) 1 419 08 38
www.mouth2mouth.org

SUNSHINE ENTERPRISES
Garbergasse 3
A-1060 Wien
T +43-1-961 8800
F +43-1-961 8800
office@sunshine.at
www.sunshine.at

UNIVERSAL
Schwarzenbergplatz 2
A-1010 Wien
T +43 (0) 1 811 21-0
F +43 (0) 1 811 21-230
kontakt@umusic.com
www.universalmusic.com

„The only organisation capable of unprejudiced growth or unguided learning is a network. All other topologies limit what can happen ... a dynamic network is one of the few structures that incorporates the dimension of time."

Kevin Kelly, writer, scientist and philosopher

„Die einzige Organisation, die fähig ist, unbefangen zu wachsen und nicht gelenkt zu lernen, ist ein Netzwerk. Alle anderen Typologien schränken den Bewegungsraum ein ... ein dynamisches Netzwerk ist eine der wenigen Strukturen, die die zeitliche Dimension einbeziehen."

Kevin Kelly, writer, Wissenschaftler und Philosoph

Dr. Heinz Walter
Delegat Comercial d'Austria
OFICINA COMERCIAL D'AUSTRIA
BARCELONA
in_Austria
pad
no camping
24.9.

cologne

Austrian style can win
the heart of the world.